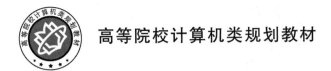

高等院校计算机类规划教材

计算思维工程实践
（C++版）

徐雅静　编著

U0282086

北京邮电大学出版社
www.buptpress.com

内 容 简 介

本教材围绕计算本质,首先对数学思维、计算思维、AI思维、大数据思维之间的关系进行了阐述,进而针对计算思维解决数学问题、计算思维解决数学技巧、计算思维解决抽象问题、计算思维解决通用问题、计算思维与智能控制和计算思维与文本处理这6章,精心设计实践案例,并从不同思维角度、按照不同效率原则对案例进行了逐步实现,从而为学生在课后进行编程实践提供更多、更好的素材。

本教材内容按照由浅入深、由简单到复杂的方式进行组织,内容丰富,案例设计覆盖了简单数学问题和复杂的线路查询问题、智能控制以及文本分词和检索等应用,贴合生活和工程实践,章节层次合理、设计科学,可作为高等院校各相关专业的程序设计类课程教材。

图书在版编目（CIP）数据

计算思维工程实践：C++版 / 徐雅静编著 . -- 北京：北京邮电大学出版社，2023.6（2023.8重印）

ISBN 978-7-5635-6923-6

Ⅰ.①计⋯ Ⅱ.①徐⋯ Ⅲ.①C++语言-程序设计 Ⅳ.①TP312.8

中国国家版本馆 CIP 数据核字(2023)第 099714 号

策划编辑：彭 楠 责任编辑：彭 楠 陶 恒 责任校对：张会良 封面设计：七星博纳

出版发行：北京邮电大学出版社

社 址：北京市海淀区西土城路 10 号

邮政编码：100876

发 行 部：电话：010-62282185 传真：010-62283578

E-mail：publish@bupt.edu.cn

经 销：各地新华书店

印 刷：保定市中画美凯印刷有限公司

开 本：787 mm×1 092 mm 1/16

印 张：13.5

字 数：333 千字

版 次：2023 年 6 月第 1 版

印 次：2023 年 8 月第 2 次印刷

ISBN 978-7-5635-6923-6 定价：39.00 元

前　　言

近年来,随着科学技术的飞速发展,计算机技术、人工智能、机器学习以及大数据分析技术等,都在不断挑战着人类创造性思维的极限。计算思维就是在这样一种环境下出现的,它旨在将科学计算、智能控制和认知方法结合在一起,以支持复杂问题的理解和解决。

计算思维的培养和建立非常需要工程实践的配合,而工程实践是以编程能力为支撑的。试想一下一个人学习编程的道路。

① 从一种编程语言开始接触计算机编程,比如,从"C＋＋程序设计"开始,学习语法、变量、函数、类、循环、条件语句等。

② 逐步深入学习,比如,学习"数据结构与算法",学习链表、树、图、查找和排序,以及递归、分治、动态规划等算法。

③ 继续深入学习更复杂的各种 AI 算法,比如,机器学习、深度学习、计算机视觉、自然语言处理等。

一步一步从初学者成长为编程高手,这期间最关键也最难以跨越的"鸿沟"是什么呢?作者认为,不仅是以上 3 个阶段的学习,而且是①到②之间的"跨越"、②到③之间的"飞跃"。从编程语法的学习到算法阶段的学习,是初学者的一道"分水岭",在这一阶段,初学者或者"顿悟"走上编程高手的道路,或者止步不前铩羽而归。我们分析了后一种现象的产生原因:有些初学者不是对编程的语法不熟练,而是对于用计算机解决问题的思维方式没有建立起来,从而对后续的算法学习产生了影响。

因此,本书以"C＋＋程序设计"为编程基础,以"数据结构与算法"学习为目标,以"AI算法"学习为未来方向,来进行内容的设计和组织。本书紧密结合计算机技术在各个领域的应用,以计算思维培养为主、多角度工程实践为特色,系统讨论了计算思维在实际应用中如何将复杂的数学问题、抽象问题、通用问题、智能控制问题、大数据问题转化成计算机可以解决的问题,并通过大量的工程实践案例详细讲解了不同思维方式在解决问题时的差异和优劣。

此外,本书从简单的数学案例开始,逐步扩展到莫尔斯码、基因序列、分布式矩阵、文本处理等复杂应用,以弥补学生在课后进行编程实践时素材的缺乏,培养学生从确定性算法到AI 智能算法的思维,帮助学生加深对计算思维的认知,发掘计算思维在支撑和推动工程应用中的重要作用。

本书的特点主要表现在以下 3 个方面。

(1) 加强了基础编程到复杂算法之间的连贯性

本书从同一个简单的数学问题入手,带领学生逐步深入理解在真实的应用环境、分布式环境、复杂环境下的算法技巧。

（2）编程训练更加系统化

本书针对各种工程问题，通过一题多解、一题多场景应用的方式，对学生进行全面系统的工程训练，在计算机实践教学中全面加强学生对各种不同应用场景的应对能力，使学生了解工程实践是一个系统化的训练过程，并从代码、逻辑方面全方位地提升学生的工程素养。

（3）提升计算思维对未来 AI 算法学习的支撑

计算思维对未来 AI 工程实践有着深远的影响。计算思维是由"人"的思维转向"机器"思维的一种认知方式。本书从计算本质出发，探讨如何运用计算思维来解决智能控制、文本处理等 AI 领域的实际问题，以开拓读者思路，支撑未来更加广泛的 AI 工程实践。

总之，本书旨在帮助读者深入理解计算思维，并将其应用于工程应用和实际问题的解决。

本书共 7 章，主要由徐雅静副教授进行编写和整理。本书的写作过程得到了北京邮电大学各位同仁的广泛支持和帮助，特别感谢肖波副教授、蔺志青教授、胡佳妮副教授、李思副教授对本书内容进行了指导，并提出了宝贵意见，感谢孙忆南同学、刘兴贤同学、杨欣洁同学对书中部分程序的验证。此外，本书的写作还得到了郭军教授的大力支持，在此一并表示感谢。

由于作者水平有限，书中难免存在错误和疏漏。欢迎广大读者提出宝贵的意见和建议，对书中的错误、疏漏之处进行批评指正，可直接将意见发送至 xyj@bupt.edu.cn，作者将非常感谢。

期待本书能够为您带来更多的收获。

作　者

目　录

第1章
计算思维的本质

计算机科学是 20 世纪 40 年代以来发展最快、最有影响力的学科之一。如何把握计算机科学的精髓,成为计算机领域的顶尖人才,很大程度上取决于一个人在计算机科学领域的素养。这些素养既包括对计算机、计算机科学本身的理解,也包括利用计算机软硬件知识解决现实世界问题的能力。其中一个重要的关键能力就是计算思维的建立。掌握算法背后的计算思维,并且融合其他领域的数学思维、工程思维、AI 思维,才能获得根本性的突破,成为"改变世界"的人物。

这里我们不妨先看看从"码农"起步成功"改变世界"的几个重要人物(如图 1-1 所示)。

(a) 肯尼斯·汤普森　　　(b) 杰夫·迪安　　　(c) 阿密特·辛格哈尔　　　(d) 安迪·鲁宾

图 1-1 "码农"的杰出人生

- 肯尼斯·汤普森(Kenneth Thompson):其早年发明了著名的 UNIX 操作系统,获得了图灵奖。
- 杰夫·迪安(Jeff Dean):开发了 Google 云计算,很早成为美国工程院院士。
- 阿密特·辛格哈尔(Amit Singhal):被学术界公认为当今最权威的网络搜索专家,其早年开发了网页搜索排序的主要代码,成为美国工程院院士。
- 安迪·鲁宾(Andy Rubin):开发了目前全世界几十亿人使用的安卓(Android)操作系统。

上述被开发的系统至今依然在广泛使用,并改变着人们的生活方式。当然,还有很多致力于编写程序、创造软件和开发系统的人,在理解了计算思维后,不断突破现有软件和算法的瓶颈,改变着我们的世界。

那么要如何建立计算思维呢？要建立计算思维，首先要理解计算机的运行原理、运行方式以及其建立的数学基础，然后，才能更好地理解什么是计算思维，以及如何快速建立计算思维，以帮助我们用计算机解决实际的问题。

1.1 计算机的发明

1.1.1 计算机的数学原理

计算机是数学和工程学完美结合的产物，是 20 世纪最先进的科学技术发明之一，对人类的生产活动和社会活动产生了极其重要的影响，并以强大的生命力飞速发展。计算机教学的基础就是用计算机来解决问题。因此，只有了解计算机的数学原理和工程知识才能更好地运用计算机来解决实际中的工程问题。

计算机在发明过程中的数学基础如下。

① 1854 年英国数学家乔治·布尔（George Boole）提出布尔代数，通过二进制将算术和简单的数理逻辑统一起来，这是计算机采用二进制解决问题的数学模型。

② 德国数学家大卫·希尔伯特（David Hilbert）从以下 3 个方面本质上划定了数学问题的边界。

- 完备性：对于任意一个命题，要么可以证明它是正确的，要么可以证明它是错误的。
- 一致性：一个命题不能既是真的，又是假的。

- 可判定性：一个具体的问题，能否判断它是否有答案。

数学只能解决那些在数学上是完备和一致的问题。由于很多问题是无法判断判定对错的，所以这些问题都不属于数学问题。

③ 1936 年艾伦·麦席森·图灵（Alan Mathison Turing）（如图 1-2 所示）的可计算性理论在希尔伯特提出的可判定性数学问题上进一步进行了思考，即什么问题适合用计算机来解决。

- 数学问题是否都有明确的答案？
- 如果有明确的答案，是否可以用有限的计算步骤得到该答案？

图 1-2 图灵

- 对于可在有限步骤下计算出来的数学问题，是否能够使用一种机器通过简单运动来计算，最后当机器停下来的时候，这个问题就解决了？

因此，从上述内容可以得知，计算机能解决在有限步骤内计算出来的数学问题。图 1-3 所示为图灵机的数学模型，也是所有现代计算机的数学模型。这个模型的全部定义如下。

① 一条记录符号和数字的纸带，每个符号或数字放在不同编号的格子里——**存储器**。

② 一个读写头，在纸带上左右移动，停在哪里就可改变哪里的符号或数字——**控制器**。

③ 一套规则表，根据图灵机当前的状态和读写头所指格子中的符号或数字，通过查表

就知道下一步要做什么——**指令集**。

④ 一个存储图灵机状态的地方,图灵机的状态也可以被认为是计算的中间结果,并且中间状态的数量是有限的——**寄存器**。

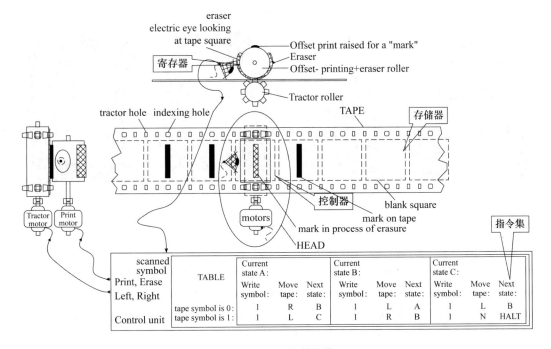

图 1-3　图灵机的数学模型

1.1.2　计算机的工程知识

我们需要牢记一个常识,就是现代计算机内部采用的是二进制而不是十进制。二进制的优点是简单而且和很多现象的特性相吻合,比如:接通代表 1,断开代表 0;高电压代表 1,低电压代表 0〔(Claude Shannon)的逻辑电路的思想〕;长时接触代表 1,短时接触代表 0(莫尔斯码的思想)。相对于十进制来说,二进制的灵活性在计算机中非常有用,可以把很复杂的情况进行分类、单独处理,方便控制。现在我们觉得二进制如此简单,但在计算机的发明初期,它是人们经过了很多次尝试才悟出的道理。下面,我们继续来看:**计算机在发明过程中应用了哪些工程知识?**

① 德国工程师康德拉•楚泽(Konrad Zuse)〔如图 1-4(a)所示〕通过实践证明了使用布尔代数可以实现任何十进制运算和复杂的逻辑控制。

② 1937 年美国科学家克劳德•香农(Claude Shannon)〔如图 1-4(b)所示〕的硕士论文《继电器和开关电路的符号分析》从理论上指出了任何逻辑控制以及计算都和开关电路等价,因此奠定了计算机的结构,即使用二进制逻辑控制开关电路进行运算。这篇论文也同时奠定了今天**数字电路设计**的基础。

③ 1946 年约翰•冯•诺依曼(John von Neumann)〔如图 1-4(c)所示〕提出计算机通用的系统结构,即计算机分为软件和硬件两部分,其被称为"计算机之父"。

④ 1960 年唐纳德·克努特（Donald Knuth）提出了计算机算法的理论，奠定了计算机算法的基础；提出了评估计算机算法的标准，写了《计算机程序设计艺术》一书，开发了一个目前应用最为广泛的科学排版软件——TeX（LaTeX 的鼻祖）。时至今日，大学中学习的数据结构和算法相关课程依然遵循《计算机程序设计艺术》中的知识体系进行讲授。

(a) 康德拉·楚泽　　　(b) 克劳德·香农　　　(c) 约翰·冯·诺依曼　　　(d) 唐纳德·克努特

图 1-4　计算机发明的奠基人

这些在数学和工程学上伟大的创举，促进了计算机的诞生，继而深刻地影响了现代社会应用计算机来解决各个领域工程问题的思维方式、处理方法和实现手段。

我们正处在人工智能（Artificial Intelligence，AI）大爆发的年代，人工智能领域是数学、计算机和工程交叉的领域，也是目前应用计算机解决复杂问题最热门的研究领域。这里，我们进一步说明一下人工智能和数学、计算机以及工程的关系，从而将工程教育的范畴扩大到更深层次、更广阔的领域中。从图灵的可计算理论中，我们来探讨人工智能，也就是 AI 能解决什么问题。

数学问题是一个很大的范畴，如图 1-5 所示，我们可以将其划分为 7 个层次：

- S1 所有问题；
- S2 数学问题；
- S3 可判定问题；
- S4 有答案问题；
- S5 可计算问题；
- S6 工程可解问题；
- S7 人工智能问题。

其中，S1＞＞S2＞＞S3＞＞S4＞＞S5＞＞S6＞＞S7。

图 1-5　问题层次结构

人工智能算法使得计算机显得很"聪明",能够比数据结构解决更多的问题,但计算机依然是在图灵机的工程可解问题的范畴之内来解决问题的。

1.2　思维方式概述

计算机是在数学基础上被发明的。因为计算思维的建立离不开数学思维,并且随着计算机科学的发展,其进一步向 AI 思维不断扩展,最终将数学思维、计算思维、AI 思维融会贯通,建立起以解决实际复杂问题为目标的大工程思维。

如图 1-6 所示,我们给出了目前流行的数学思维、计算思维、工程思维、编程语言之间的关系。其中,数学思维是顶层概念,依赖该顶层概念,我们建立了计算思维的理论,并将该理论应用于实际问题的解决,这就是工程思维。而所有解决实际问题的最终手段就是编程,本书以 C/C++编程语言为工具和手段,通过运用不同方法解决实际问题的过程,一步一步地不断深入,最终建立完整的计算思维。

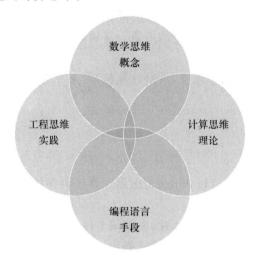

图 1-6　借助编程语言实现工程教育

1.2.1　数学思维

数学思维是从不变的事实出发,利用逻辑找出矛盾、发现问题,然后解决问题的思维方式。因此,在生活和工作中我们会明白民主决策、专家意见、经验总结、实验验证都不属于数学思维。〔这里给出另外一种思维方式,即实证思维(重现、自洽、预见),它是指通过实验得出的结论。一般我们认为物理学思维就是实证思维。〕

数学思维在生活中处处可见,尤其是在危机来临的时候。对于 2008—2009 年的经济危机,很多经济学家都没有预测到,但是当时对冲基金公司文艺复兴科技公司(Renaissance Technologies Corp)利用数学思维发现了 CDS(信用违约互换)这种金融衍生品增长不可持续的问题,并提前抛售,最终因此获利。

数学思维是基于不变事实的一种逻辑思维，是借助数学概念、判断、推理等思维形式，通过数学符号或严谨的计算和推理来反映数学对象的本质和规律的一种思维形式，数学逻辑思维是数学的核心，可以说没有逻辑思维，数学就不可能建立起严谨的公理化体系。学生只有具备了较强的逻辑思维，才能科学地认识客观世界中存在的数学关系和空间形式。数学思维的基本形式是数学概念、数学命题和数学推理。

基于数学逻辑思维的建立，我们可以更好地判断哪些工程实践不可实现，哪些工程实践必须改进和完善。比如，美国次贷危机的产生从数学思维的角度可以解释为，首付贷款（就是我们常说的次级贷款，尾款贷款我们称为初级贷款）利率高、风险大，必须依赖房价的上涨而获利，那么房价能保持 15 年的高增长么？若不能，会在哪一天崩盘呢？这就是 2008 年次贷危机爆发所隐含的数学问题。

从数学思维出发，我国的"一带一路"倡议为什么是必须实施的呢？中国在过去的 40 年里实现了年均 8% 的 GDP 增长，以 2018 年为例，总经济体量达到了世界第二，占全世界经济总量的 18%，那么中国经济能否持续高速增长？从数学角度来讲是不可能的。世界上其他国家的经济增速为 1%～3%，中国的经济增长依赖世界上其他地区的购买力和经济增长，因此，中国要保持哪怕不是 8% 而是 6% 的经济增长，也必须通过帮助其他国家购买中国的产品和服务，才能满足发展自身经济的需要。这就是从数学思维出发来判断"一带一路"倡议的必要性。

我们希望学生能够善用数学思维，借助计算机，对某个长期的趋势做出正确的判断，以预见能做和不能做的事情。

1.2.2　计算思维

计算思维（Computational Thinking）是运用计算机科学的相关知识进行问题求解的思维形式。

计算思维的概念最初在 2006 年 3 月，由美国卡内基·梅隆大学计算机科学系主任周以真在权威期刊 *Communications of the ACM* 提出。周以真认为：计算思维是运用计算机科学的基础概念进行问题求解、系统设计，以及人类行为理解等涵盖计算机科学之广度的一系列思维活动。更进一步，可以认为计算思维是通过约简、嵌入、转化和仿真等方法，把一个看起来困难的问题重新阐释成一个人们知道问题怎样解决的方法。

著名作家吴军认为所谓"计算思维"就是指不同于人的思维方式的计算机"思维"的方式。人类习惯自底向上、从小到大的正向递推思维，而计算机往往采用自顶向下、先全局后局部的逆向递归思维。

1）计算思维的核心是递归

人类固有的认知和思维方式是由近及远、从少到多，一点点扩展的思维方式，相对于计算机来说，就是自底向上的正向思维；但计算机在一开始就被设计成用来处理大规模问题，因此站在"计算机"的角度上来解决问题，就是一种逆向人类思维的方式，这就是"递归"和"并行处理"。这导致很多学生在理解汉诺塔游戏、九连环问题、八皇后问题时感到"别扭"，或者不理解。更复杂的树的遍历、图的遍历、快速排序等问题都是典型的特别适合计算机使用递归思维来解决的工程问题。

2）计算思维的一个特征是分层抽象

计算思维中的抽象包括数据抽象和控制抽象,简言之就是将现实世界中的各种数量关系、空间关系、逻辑关系和处理过程等表示成计算机世界中的数据结构(数值、字符串、变量、列表、堆栈、树和图等)和控制结构(基本指令、顺序、分支、循环、模块化等),建立实际问题的计算模型。计算思维的抽象受工程思维的影响,其结果必须在受物理条件制约的环境中执行,同时考虑边界和失败、细节等。和数学思维中的抽象只有一层不同,计算思维中的抽象是多层的,强调分层抽象,需要将事物的细节信息剥离,形成不同的抽象层次,并厘清层与层之间的关系,从而有利于理解和处理复杂的系统。

3）计算思维的另一个特征是自动化

自动化就是利用计算机自动求解问题的思维,充分利用计算机能够自动重复的强大运算能力,来弥补人在处理大数据时的计算缺陷,从而解决工程问题的思维方法。工程问题的求解是首先利用分层抽象将问题分解成可被计算机理解和自动执行的模型,即将大问题分解成很多小的问题,直到小的问题能够被自动化解决的过程,这个过程增加了控制这个维度的思维,即计算思维中的自动化。这个自动化的过程就是利用一种编程语言,设计一个算法,使得工程问题被计算机自动化地求解。

计算思维从递归、分治、并行、抽象、自动化等方面揭示了计算机在处理问题时不同于人的巨大差异,因此,了解计算思维,通过计算思维来培养学生使用计算机来解决问题,能够达到事半功倍的效果。

1.2.3　AI 思维

AI 思维是百度创始人李彦宏在 2017 年 5 月 23 日的“2017 百度联盟峰会”上首次提出的概念。李彦宏认为,人工智能时代将从根本上解决人与万物交流的问题,AI 对这个社会的改变在本质上与互联网不是一个量级的——人工智能将把原来的不可能变成可能。AI 思维本质上是计算思维的扩展。在过去,人们对人工智能应用充满各种幻想,而在当今“未来已来”的社会中,运用 AI 思维,应用人工智能技术来解决生活生产中遇到的复杂的工程问题,已经成为一大趋势。那么 AI 思维是什么呢?

AI 思维就是从人工智能研究和实践中提炼出来的思考方法,该思维为我们理解问题、解决问题提供了一个新的维度。

1）从数据抽象到数据表示

AI 思维和计算思维最大的不同之处在于,从数据抽象角度来说,AI 思维更进一步在数据抽象的基础上上升到数据表示,即 AI 领域的特征表示。因为人和机器对于数据的理解是完全不同的,文字、颜色、数值、图像等在计算机中都是编码,是通过数据抽象得到的数据特征表示。人工智能在数据表示的基础上通过计算来解决问题,其必要条件是应用场景的封闭性,封闭场景下数据表示的可靠性保证了计算的错误在可容忍的范围之内。但实际中的场景往往都是开放的,这就限制了人工智能的发展,因为在开放场景下很可能产生致命性的失误。AI 思维就是要有这种场景抽象的能力,运用数据特征表示和编码,快速计算,在关键问题上起到“画龙点睛”的作用,而不是解决全部问题。

2）AI 思维主要思考数据、模型、训练、预测、算力五个要素

AI 技术主要依靠神经网络的出现及其延展，它是一种模仿动物神经网络行为特征，进行分布式并行信息处理的算法模型原理，可以充分逼近任意复杂的非线性关系，所有定量或定性的信息都等势分布贮存于网络内的各神经元，有很强的稳健性和容错性。通过收集数据构建数据集、设计模型和调节超参数，使用算力进行模型训练和模型评估进而选择表现优秀的训练模型用于预测。

（1）数据

无论多么复杂的数据，经过标注和编码后，输入模型。

（2）模型

以神经网络为内部网络结构的设计及延伸是整个 AI 技术的核心。

（3）训练、预测和算力

训练是 AI 思维引入的新概念，即通过对输入数据的学习，进行充分的非线性关系的曲线逼近，从而达到预测的目的。当然，训练数据越大，对算力的需求也越大。

1.2.4　大数据思维

AI 思维进一步扩展，就是我们经常提到的大数据思维。大数据时代，无论是使用数据结构还是 AI 算法来解决大数据问题，即要想做好大数据处理和大数据分析都必须具备一定的大数据思维。什么是大数据思维呢？

1）数据核心原理

在大数据时代，以"流程"为核心转变为以"数据"为核心，以 Hadoop 体系为代表的分布式计算框架已经是以"数据"为核心的范式。处理非结构化数据及分析需求，从简单增量到架构变化，这就是大数据下的新思维——计算模式的转变。例如，IBM 将使用以数据为中心的设计，目的是降低在超级计算机之间进行大量数据交换的必要性。在大数据环境下，云计算找到了"破茧重生"的机会，在存储和计算上都体现了以数据为核心的理念。大数据和云计算的关系如下：云计算为大数据提供了有力的工具和途径，大数据为云计算提供了很有价值的"用武之地"。而大数据比云计算更为落地，可有效利用已大量建设的云计算资源。

科学的进步越来越多地由数据来推动，海量数据给大数据处理和大数据分析既带来了机遇，也形成了新的挑战。大数据往往是利用众多技术和方法，综合源自多个渠道、不同时间的信息而获得的。为了应对大数据带来的挑战，我们需要新的统计思路和计算方法。

2）数据价值原理

在大数据时代，以算法功能为价值逐渐转变为以数据为价值。这是因为大数据时代促进了数据源获取方式的改变，即数据变得可以在线获取而不是仅可以离线获取。对于非互联网时期的产品，算法功能一定是它的价值，对于互联网时期的产品，数据一定是它的价值。在线获取的大数据能够实现产品的实时更新，这恰恰是互联网的特点之一。但我们需要明白，大数据并不在于"大"，而在于"有用"，数据的价值含量、挖掘成本比数量更为重要。

笔者认为数据的价值在于创造，在于填补无数个未曾实现过的空白。例如，可以依赖大数据的核心价值进行企业经营决策和预测，目前依赖大数据形成决策的模式已经为不少的企业带来了盈利和声誉，这就是数据的价值。

3）全样本原理

在大数据时代，数据的使用范围从抽样转变为需要全部数据样本。统计学中的一个概念是全部样本才能找出更加正确的规律，也就是说全部数据样本包含了更多未知的信息，如果数据足够多，就会让很多不确定的事件变成能够"看得见""摸得着"的规律性事件。若人们有足够的能力把握数据，就能对不确定的状态进行规律性的判断，从而对未来做出更加正确的预测。

例如，在大数据时代，无论是商家还是信息的搜集者，可能都会比人们自己更知道自己需要什么。信息搜集者通过分析全部用户的信用卡消费记录，有可能成功预测某个特定用户未来 5 年内的消费情况。其中的原因就是信息搜集者可以从全部数据样本中找出用户的总体行为规律，因为人和人是相似的，一个人表现特殊，可能很有个性，但是当人口样本数量足够大时，就会发现其实人们具有相似的行为，利用这种行为规律，就可以预测某个特定用户或者特定行业的消费趋势。

所以，未来计算思维也会逐步朝着大数据思维（数据核心原理、数据价值原理、全样本原理）方向发展，从而创造性地解决未知的问题。

本 章 小 结

计算思维本身并不复杂，实际问题的场景、数据和目标是复杂多变的，因此我们需要更加灵活地运用计算思维，来给出最有效的解决方案。因此，本书后续章节将按照计算思维中的数据问题、计算思维中的抽象和通用问题、计算思维解决 AI 问题的顺序进行组织，帮助同学们循序渐进地掌握计算思维在工程实践中的运用。

第2章
计算思维解决数学问题

计算思维吸取了解决问题所采用的一般数学思维方法的经验,是运用计算机科学的概念进行问题求解的一系列思维活动。计算机科学在本质上源自数学思维,其形式化基础建筑于数学之上。计算机科学在本质上又源自工程思维,基本计算设备的限制迫使计算机学家必须计算性地思考问题,不能只是数学性地思考问题。因此,本章通过采用计算机科学的方式来求解高等数学或代数中的一些数学计算问题的过程,带领学生学习并实践如何基于计算思维解决现实中抽象的数学问题。

2.1 多项式运算

2.1.1 一元多项式求值

1. 问题

编写一个算法,计算任意一个多项式(如下所示)在指定 x 时的函数值。

$$p(x) = a_n x^n + a_{n-1} x^{n-1} + \cdots + a_1 x + a_0$$

用于验证算法的测试多项式为:

$$p(x) = 2x^6 - 5x^5 + 3x^4 + x^3 - 7x^2 + 7x - 20$$

2. 数学建模

对于上述问题,数学的解决方法即将 x 代入公式,一项一项地计算,然后进行累加,得到结果。但是在每一项的计算中,会有很多重复的操作,因此在计算思维中我们更多地要考虑能否在计算过程中利用前一步或前几步的结果来更快地计算本次的结果,若可以,则这种方法我们称之为**迭代**。

多项式在结构上每一项是 x 的不同次幂的线性组合,而不同次幂的线性组合可以认为是从 x 的 0 次幂出发,逐层相乘并展开得到的,即低次项的组合可作为高次项的系数,由此,可以将多项式看作如下嵌套形式:

$$p(x) = (((a_n x + a_{n-1}) x + a_{n-2}) x + \cdots + a_1) x + a_0$$

在此前提下，多项式的求值问题就转化为程序化的迭代问题，设递推过程中的中间项为 m，递推逻辑如下：

$$m = a_n$$
$$m = m \cdot x + a_i$$

其中 $i = n-1, n-2, \cdots, 1, 0$，递推至最后一层得到的 m 即为多项式的最终值。

3. 编程方法

① 根据以上思想，计算过程中使用到的变量包括变量次幂的最高次方 n，多项式的系数列表 a，以及 x 的值，在此基础上循环相乘计算得到结果即可，相关C++代码如下。

```cpp
double poly(double a[], int n, double x)
{
    double m = 0;                    //每一项计算的中间结果 m
    m = a[n];                        //m 的初始化 aₙ
    for(int j = n-1; j >= 0; j--)
        m = m * x + a[j];
    return  m;
}
```

② 下面，我们给出一个测试主函数 main 来验证算法，并利用测试多项式观察结果。

```cpp
#include <iostream>
using namespace std;
int main()
{
    double a[7] = {-20.0, 7.0, -7.0, 1.0, 3.0, -5.0, 2.0};    //多项式系数
    double x[6] = {0.9, -0.9, 1.1, -1.1, 1.3, -1.3};          //x 值列表
    cout << endl;
    for(int i = 0; i < 6; i++)
        cout <<"x("<< i <<") = "<< x[i] <<"\tp("<< i <<") = "<< poly(a,6,x[i])<< endl;
    cout << endl;
    return 0;
}
```

测试结果如下：

$$
\begin{aligned}
&x(0) = 0.90 \quad p(0) = -18.5623 \\
&x(1) = -0.90 \quad p(1) = -26.7154 \\
&x(2) = 1.10 \quad p(2) = -19.5561 \\
&x(3) = -1.10 \quad p(3) = -21.5130 \\
&x(4) = 1.30 \quad p(4) = -20.8757 \\
&x(5) = -1.30 \quad p(5) = -6.34043
\end{aligned}
$$

2.1.2 多项式相乘

1. 问题

编写一个算法，对以下两个多项式

$$P(x) = p_{m-1}x^{m-1} + p_{m-2}x^{m-2} + \cdots + p_1 x + p_0$$
$$Q(x) = q_{n-1}x^{n-1} + q_{n-2}x^{n-2} + \cdots + q_1 x + q_0$$

求乘积多项式：

$$M(x) = P(x)Q(x) = s_{m+n-1}x^{m+n-1} + s_{m+n-2}x^{m+n-2} + \cdots + s_1 x + s_0$$

测试函数为：

$$P(x) = 3x^5 - x^4 + 2x^3 + 5x^2 - 6x + 4$$
$$Q(x) = 2x^3 - 6x^2 + 3x + 2$$

2. 数学逻辑

乘积多项式的求解实质上是对于不同次幂元素的系数进行确定，在这个结构中，乘积多项式的各系数可以按照如下方案进行确定：

$$s_k = 0, \quad k = 0, 1, \cdots, m+n-2$$
$$s_{i+j} = s_{i+j} + p_i q_j, \quad i = 0, 1, \cdots, m-1; j = 0, 1, \cdots, n-1$$

即通过遍历组合的方式得到最终结果。

3. 编程方法

① 根据计算思维，乘法运算包括两个乘数多项式，即 $P(x)$ 和 $Q(x)$，以及一个计算结果，也就是乘积多项式 $S(x)$。其中 $P(x)$ 多项式的系数列表记为 p，最高次幂为 m；$Q(x)$ 多项式的系数列表记为 q，最高次幂记为 n。计算得到的乘积多项式 $S(x)$ 的系数列表记为 s，最高次幂记为 k。根据数学建模思想，该算法的 C++代码如下。

```cpp
void pmul(double p[],int m, double q[], int n, double s[], int k)
{
    int i, j;
    for(i = 0; i <= k - 1; i ++)            //sk 计算
        s[i] = 0.0;
    for(i = 0; i <= m - 1; i ++)
        for(j = 0; j <= n - 1; j ++)        //si + j 计算
            s[i + j] = s[i + j] + p[i] * q[j];
    return;
}
```

② 下面，我们给出一个测试主函数 main 来验证算法，并利用测试多项式观察结果。

```cpp
# include <iostream>
# include "stdio.h"
int main()
```

```
{
    int i;
    double p[6] = {4.0,-6.0,5.0,2.0,-1.0,3.0};     //第一个多项式系数列表
    double q[4] = {2.0,3.0,-6.0,2.0};              //第二个多项式系数列表
    double s[9];                                   //结果多项式
    int x,y,z;
    x = sizeof(p)/sizeof(*p);                      //第一个多项式最高次数
    y = sizeof(q)/sizeof(*q);                      //第二个多项式最高次数
    z = x + y - 1;                                 //乘积多项式最高次数
    pmul(p,x,q,y,s,z);
    printf("\n");
    for(i = 0; i <= 8; i++)
        printf("s(%d) = %13.7e\n",i,s[i]);
    printf("\n");
}
```

测试结果如下：

$$s(0) = 8.0000000e+00$$
$$s(1) = 0.0000000e+00$$
$$s(2) = -3.2000000e+01$$
$$s(3) = 6.3000000e+01$$
$$s(4) = -3.8000000e+01$$
$$s(5) = 1.0000000e+00$$
$$s(6) = 1.9000000e+01$$
$$s(7) = -2.0000000e+01$$
$$s(8) = 6.0000000e+00$$

2.1.3 多项式相除

1. 问题

编写一个算法，计算多项式

$$P(x) = p_{m-1}x^{m-1} + p_{m-2}x^{m-2} + \cdots + p_1 x + p_0$$

被多项式

$$Q(x) = q_{n-1}x^{n-1} + q_{n-2}x^{n-2} + \cdots + q_1 x + q_0$$

除得的商多项式 $S(x)$ 以及余多项式 $R(x)$。

测试函数为：

$$P(x) = 3x^4 + 6x^3 - 3x^2 - 5x + 8$$
$$Q(x) = 2x^2 - x + 1$$

2. 数学逻辑

计算多项式除法最常用的方式为利用综合除法确定商多项式系数,其基本逻辑为设商多项式的最高次数为 $k=m-n$,则确定系数的递推公式如下:

$$s_{k-i}=p_{m-1-i}/q_{n-1}$$
$$p_j=p_j-s_{k-i}q_{j+i-k}, \quad j=m-i-1,\cdots,k-i$$
$$i=0,1,\cdots,k$$

依照此公式计算得到的最终 $p_0,p_1,\cdots,p_{n-2}$ 为余多项式的系数 $r_0,r_1,\cdots,r_{n-2}$。

3. 编程方法

① 根据计算思维,除法运算包括被除数多项式 $P(x)$ 以及项数 m(其中最高次幂为 $m-1$),除数多项式 $Q(x)$ 和项数 n(其中最高次幂为 $n-1$),商多项式 $S(x)$ 和项数 k(其中最高次幂为 $k-1$),余数多项式 $R(x)$ 和项数 l(其中最高次幂为 $l-1$)。按照综合除法的数学逻辑进行编程运算,算法函数实现如下:

```cpp
void pdiv(int m, int n, int k, int l, double p[], double q[], double s[], double r[])
{
    int i,j,mm,ll;
    for(i = 0;i <= k - 1;i ++) s[i] = 0.0;
    if(q[n - 1] == 0.0) return;
    ll = m - 1;
    for(i = k;i >= 1;i -- )
    {
        s[i - 1] = p[ll]/q[n - 1];
        mm = ll;
        for(j = 1;j <= n - 1;j ++ )
        {
            p[mm - 1] = p[mm - 1] - s[i - 1] * q[n - j - 1];
            mm = mm - 1;
        }
        ll = ll - 1;
    }
    for(i = 0;i <= l - 1;i ++ )
        r[i] = p[i];
    return;
}
```

② 下面,我们给出一个测试主函数 main 来验证算法,并利用测试多项式观察结果。

```cpp
# include < iostream >
# include "stdio. h"
int main()
```

```
{
    int i;
    double p[5] = {8.0, - 5.0, - 3.0,6.0,3.0};
    double q[3] = {1.0, - 1.0,2.0};
    double s[3],r[2];
    pdiv(5,3,3,2,p,q,s,r);
    printf("\n");
    for(i = 0;i < = 2;i + + )
        printf("s( % d) = % 13.6e\n",i,s[i]);
    printf("\n");
    for(i = 0;i < = 1;i + + )
        printf("r( % d) = % 13.6e\n",i,r[i]);
    printf("\n");
}
```

测试结果如下:

$$s(0) = -3.750000e - 01$$
$$s(1) = 3.750000e + 00$$
$$s(2) = 1.500000e + 00$$

$$r(0) = 8.375000e + 00$$
$$r(1) = -9.125000e + 00$$

2.2　求解一元多项式的根

问题:求任意一元多项式 $f(x) = 0$ 在区间 $[x_0, x_1]$ 的实根。测试函数为 $f(x) = 2x^3 + 4x^2 + 3x - 6 = 0$。

2.2.1　算法实践——二分法

1. 数学建模

二分法也称为对分法,二分法原理示意图如图 2-1 所示,其求解原理是若 $f(x_0) \cdot f(x_1) < 0$,说明曲线 $f(x)$ 穿过横轴,则 $[x_0, x_1]$ 中必然至少有一个解满足 $|f(x)| \leqslant \varepsilon$($\varepsilon$ 为精度要求,不妨设 $\varepsilon = 10^{-6}$)。因此,二分法的具体方法是令 $x = \dfrac{x_0 + x_1}{2}$,可以得到以下 3 种

情况：

① 若 $f(x) \leqslant \varepsilon$，则 x 为 $f(x)=0$ 的解，结束；

② 若 $f(x_0) \cdot f(x) < 0$，则说明 $f(x)=0$ 的解在 $[x_0, x]$ 之间，令 $x = \dfrac{x_0 + x}{2}$，重复 ①～③；

③ 若 $f(x) \cdot f(x_1) < 0$，则说明 $f(x)=0$ 的解在 $[x, x_1]$ 之间，令 $x = \dfrac{x + x_1}{2}$，重复 ①～③。

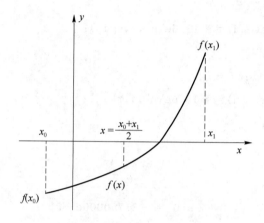

图 2-1　二分法原理示意图

2. 编程方法

二分法的前提是初始区间 $[x_0, x_1]$ 满足 $f(x_0) \cdot f(x_1) < 0$。根据二分法的原理，可以得到 C++算法如下：

```cpp
double Root1(double x0, double x1)
{
    double x = (x0 + x1) / 2;
    while (fabs(f(x)) > 1e - 6)
    {
        if (f(x) * f(x0) > 0)
            x0 = x;
        else
            x1 = x;
        x = (x0 + x1) / 2;
    }
    return x;
}
```

2.2.2　算法实践——弦割法

1. 数学建模

弦割法也称为试位法,弦割法的基本原理和二分法相同,都是在满足 $f(x_0) \cdot f(x_1) < 0$ 的区间 $[x_0, x_1]$ 中,寻找满足 $|f(x)| \leqslant \varepsilon$ 的 x 值。区别是二分法中令 $x = \dfrac{x_0 + x_1}{2}$,进行迭代求解;弦割法中令 $x = \dfrac{x_0 f(x_1) - x_1 f(x_0)}{f(x_1) - f(x_0)}$,依次迭代求解,弦割法示意图如图 2-2 所示。

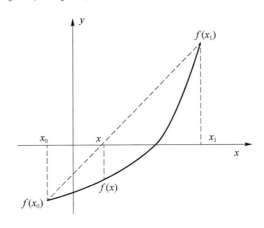

图 2-2　弦割法示意图

2. 编程方法

弦割法的前提也是初始区间 $[x_0, x_1]$,满足 $f(x_0) \cdot f(x_1) < 0$。根据弦割法的原理,可以得到C++算法如下:

```cpp
double Root2(double x0, double x1)
{
    double x = (x0 * f(x1) - x1 * f(x0)) / (f(x1) - f(x0)); //替换二分法 x =
(x0 + x1)/2;
    while (fabs(f(x))>1e-6)
    {
        if (f(x) * f(x0) > 0)
            x0 = x;
        else
            x1 = x;
        x = (x0 * f(x1) - x1 * f(x0)) / (f(x1) - f(x0));    //替换二分法 x =
(x0 + x1)/2;
    }
    return x;
}
```

2.2.3　思维扩展

无论是二分法还是弦割法,其成立的前提都必须要保证初始区间$[x_0,x_1]$满足$f(x_0)\cdot f(x_1)<0$,并且只能找到$[x_0,x_1]$区间内的一个根。那么如何确定初始区间$[x_0,x_1]$呢?

这就要用到搜索法,即从区间左端点x_0开始,以步长h逐步向后搜索,对遇到的每一个子区间$[x_k,x_{k+1}]$进行如下处理。

① 若$|f(x_k)|<\varepsilon$,则x_k为一个实根,且继续从子区间$z=x_k+h/2$开始继续搜索;

② 若$|f(x_{k+1})|<\varepsilon$,则x_{k+1}为一个实根,且继续从子区间$z=x_{k+1}+h/2$开始往后继续搜索;

③ 若$f(x_k)\cdot f(x_{k+1})>0$,则说明该区间内无实根,放弃本子区间,从$z=x_{k+1}$开始往后继续搜索;

④ 若$f(x_k)\cdot f(x_{k+1})<0$,则说明该区间内有实根,利用前述的二分法或弦割法求解实根x,然后从$z=x_{k+1}$开始往后继续搜索。

上述过程一直进行到区间右端点x_1为止。

搜索法最关键的是步长h的选取,一般选取一个较小的值,例如0.2,以尽量避免根的丢失。

该搜索法的C++算法实现如下:

```
int SearchSection(float a,float b)          //返回区间[a,b]的实根个数
{
    double h = 0.2, z = a, y = f(z), y1;  //h步长,z子区间
    int flag = 0;   //记录实根的个数
    while (z <= b)
    {
        if (abs(y) < 1e-6)               //步骤①
        {
            cout << "根为:" << z << endl;
            z = z + h / 2; y = f(z); flag++;
        }
        else
        {
            y1 = f(z + h);
            if (abs(y1) < 1e-6)          //步骤②
            {
                cout << "根为:" << z + h << endl;
                z = z + h + h / 2; y = f(z); flag++;
            }
```

```
        else if (y * y1 > 0)              //步骤③
        {
            y = y1; z = z + h;
        }
        else                              //步骤④
        {
            cout << "根为:" << Root1(z, z + h) << endl;
            cout << "根为:" << Root2(z, z + h) << endl;
            y = y1; z = z + h;   flag++;
        }
    }
}
return flag;
}
```

最后,我们给出一个测试主函数 main 和辅助函数 $f(x)$ 来验证算法。

```
#include <iostream>
#include <cmath>
double f(double x)
{
    return 2 * x * x * x + 4 * x * x + 3 * x - 6;
}
int main()
{
    float a, b;
    cin >> a >> b;
    cout << "区间[" << a << "," << b << "]中有" << SearchSection(a, b) << "个实根" <<
endl;
    return 0;
}
```

运行结果如下:

```
- 10 10
根为:0.801208
根为:0.801207
区间[-10, 10]中有 1 个实根
```

2.3 求解定积分

问题：

编写一个算法，对于任意已知 $f(x)$，求 $f(x)$ 在区间 $[a,b]$ 上的定积分 $y=\int_a^b f(x)\mathrm{d}x$。测试函数为 $f(x)=1+x^2$。

2.3.1 算法实践——牛顿法

1. 数学建模

牛顿法也称为变步长梯形求积法，其数学模型如下：

$$\int_a^b f(x)\mathrm{d}x \approx h\sum_{k=0}^{n-1} f(a+k\cdot h)，其中，h=\frac{b-a}{n}。 \qquad (2.1)$$

从几何的角度来理解，积分就是曲边梯形的面积，它约等于曲线下部各个小矩形的面积之和，如图 2-3 所示，其中的 n 越大，则小矩形面积之和越接近曲线面积。因此，假设 n 已知，则可以计算 n 个小矩形的面积。图 2-3 中矩形的面积＝高·宽，其中，宽 h 为 $\frac{b-a}{n}$，高为矩形所在位置的 $f(x)$ 值，所以，可以进行如下计算。

矩形 1 的面积：$f(a)\cdot h$。

矩形 2 的面积：$f(a+h)\cdot h$。

$\vdots$

矩形 n 的面积：$f[a+(k-1)\cdot h]\cdot h$。

然后，将上述矩形的面积进行累加，即可得到式（2-1）所计算的曲边梯形的面积。

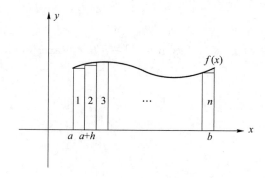

图 2-3 矩形法示意图

2. 编程方法

根据已知条件，其中输入变量积分上限 a、积分下限 b 和积分函数 $f(x)$ 已知，n 未知，假设 n 已知，不妨设矩形面积累加函数为 $G(a,b,n)$，则可以得到如下 C++ 程序：

```
double G(float a, float b, int n)
```

```
{
    double h = (b - a)/n;                    //矩形的宽
    double sum = 0;
    for ( int k = 0; k < n; k + + )
            sum + = f(a + k * h) * h;        //n个矩形面积累加
    return sum;
}
```

$G()$ 函数的时间复杂度是 $O(n)$。

因此，我们得到 $y = \int_a^b f(x)\mathrm{d}x \approx G(a,b,n)$。那么如何求得一个合适的 n，使得 n 个小矩形面积之和符合曲线面积的精度要求？这是该问题的关键难点。不妨设精度要求是 $\varepsilon = 10^{-6}$，严格来说 $\left| \int_a^b f(x)\mathrm{d}x - G(a,b,n) \right| \leqslant \varepsilon$ 即符合精度要求，但是由于我们没有 $\int_a^b f(x)\mathrm{d}x$ 的值，因此采用对 n 进行逐级倍增扩展，即 $n = 2n$ 的扩展方式，来判断前后两次不同 n 值的积分值之差的绝对值是否小于规定的精度。具体步骤如下：

a. 选初值 $n=2$，调用函数 $G()$ 计算积分区间面积 $y=G(a,b,n)$；

b. 令 $2 \cdot n$，计算 $|G(a,b,2n)-G(a,b,n)|$；

c. 重复步骤 b，直到 $|G(a,b,2n)-G(a,b,n)| < \varepsilon$ 为止。

上述步骤相应的C++代码如下所示：

```
double Integration(float a, float b)
{
    Unsigned int n = 2;
    double y = G (a, b, n);
    double yn = G (a, b, 2 * n);
    while(fabs(y - yn)> 1e - 6)            //计算精度
    {
        n = 2 * n;                         //n 倍增
        if (n == 2e31)                     //n 越界保护，防止溢出
            break;
        y = yn;                            //迭代
        yn = G(a,b, 2 * n);
    }
    return yn;
}
```

说明 1   系统提供 fabs(double x) 函数来求解 x 的绝对值，该函数需要添加系统库文件 #include<cmath>后才能使用。

精度说明：float 类型数据的精度是 $\varepsilon > 10^{-6}$，double 类型数据的精度是 $\varepsilon > 10^{-9}$。

说明 2   如何分析牛顿法计算定积分的时间性能呢？ Integration()函数是算法的关键，它决定了整个程序的时间性能，难点在于该函数根据输入参数的不同，时间性能也就是函数

执行的循环次数不同,所以时间性能和输入参数 n 有关。

　　Integration()函数受整数 n 的最大值限制,最多循环 31 次,第 1 次 $n=2$,则调用 $G()$ 函数 1 次,$G()$ 函数执行 2 次;第 2 次 $n=2\cdot2$,则调用 $G()$ 函数 1 次,$G()$ 函数执行 4 次;第 3 次 $n=2\cdot2\cdot2$,则调用 $G()$ 函数 1 次,$G()$ 函数执行 8 次…依此类推,当 $n=2^{31}$ 时,$G()$ 函数执行 2^{31} 次。

　　下面我们给出一个测试主函数 main 和辅助函数 $f(x)$ 来验证算法。

```cpp
#include<iostream>
#include<cmath>
double f(double x)
{
    return 1+x*x;                //该函数任意
}
int main()
{
    float a, b;
    cin>>a>>b;
    cout<<Integration(a, b)<<endl;
    return 0;
}
```

　　运行结果如下:

1　3

10.66666

2.3.2　算法实践——蒙特卡罗随机投点法

1. 数学建模

　　许多数值计算的精确解是不可能或没有必要的,往往只能求出一个近似解,一般情况下采用数值概率算法得到近似解。本质上来说蒙特卡罗方法就是这一类基于概率的方法的统称,它并非一个特定的算法或者针对某一问题(例如概率)的解决方案,而是一种解决问题的思想。蒙特卡罗积分是图形学里常用的数值方法,其基本思想是:随机抽样无限逼近。这种利用随机数来解决一些数值计算问题的方法也被称为蒙特卡罗法,由科学家冯·诺依曼(Von Neumann)和乌拉姆(Ulam S M)提出。

　　蒙特卡罗积分法的主要思想就是均匀分布生成的随机数,将积分符号转化为求和,从而实现快速求解的目的,其中随机投点法的原理如图 2-4 所示。我们可以采用将粒子(大都是均匀分布的随机数)进行随机投点的方法,将积分符号转化为求和。具体做法是在包含定积分 I 的矩形区域 S 内随机产生 N 个随机数,再统计落在积分区域内的随机数个数 i。如图 2-4 所示,积分值 I 与矩形面积 S 之间有如下关系:$I\approx\dfrac{i}{N}S$。

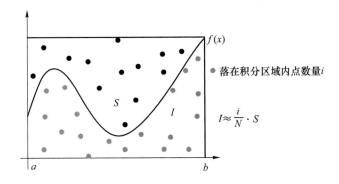

图 2-4　蒙特卡罗积分法——随机投点法

2. 编程方法

蒙特卡罗随机投点法的实现方法如下。根据已知条件,在 $[a,b]$ 范围内任意随机产生 n 个 x,在 $[0,\max]$ 范围内产生相应的 y,$\max$ 值为 $[f(a),f(b)]$ 中的最大值,然后统计 $y_i < f(x_i)$ 中的点的个数 sum,由于此时的矩形面积 $S = \max \cdot (b-a)$,所以,可以估算积分的面积为

$$I \approx \frac{\mathrm{sum}}{n} S$$

具体代码实现如下:

```
double MonteCarloIntegration(double a, double b, int n)
{
    double sum = 0;
    double x, y;
    for(int i = 0; i < n; i++)
    {
        x = (double)rand()/RAND_MAX * (b - a) + a;    // 在积分区间上随机获
取一个点
        y = (double)rand()/RAND_MAX * f(b);
        if (y < f(x))                                 // 判断该点是否在积分
区域内,是则累加
            sum += 1;
    }
    double area = (b-a) * f(b);
    double result = sum / n * area;
    return result;
}
```

下面,我们给出一个测试主函数 main 和辅助函数 $f(x)$ 来验证算法。

```
# include < iostream >
# include < cmath >
```

```
#include<ctime>
using namespace std;
intmain()
{
    srand(time(0));          // 设置随机数种子
    float a, b;
    cin>>a>>b;               //定积分区间[a,b]
    int n = 1000000;         //初始随机点数量
    double current_integral = MonteCarloIntegration(a,b,n);
    cout << current_integral << endl;
    return 0;
}
```

运行结果如下：

1   3

10.6596

2.3.3　算法实践——蒙特卡罗平均值法

1. 数学建模

蒙特卡罗积分法的主要思想就是均匀分布生成的随机数，将积分符号转化为求和，从而实现快速求解的目的。其中蒙特卡罗平均值法的原理如图 2-5 所示，我们以 4 个随机点 (x_1,x_2,x_3,x_4) 为例，可以分别计算这 4 个面积 $f(x_i)\cdot(b-a)$，然后将这 4 个面积求平均，即为积分 $(b-a)$ 的近似值。

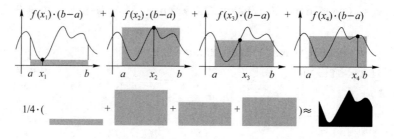

图 2-5　蒙特卡罗积分法——平均值法

计算公式为：

$$E(X)=(b-a)\sum_{i=1}^{n}f(x_i)$$

蒙特卡罗法的其他应用如下。在图形学中很多时候是需要计算积分的，最常见的例如光照计算中的球面积分，或者近似处理 ShadowMap 时使用的近似百分比过滤等。但在实时渲染中计算积分明显在性能上开销巨大，更多的时候我们采用蒙特卡罗积分法来近似模拟积分结果。例如在 IBL 中对各个方向入射的环境光积分计算特定方向反射光时，对所有半球方向的入射光积分(显然是不现实的)就用蒙特卡罗积分法对入射光方向进行随机采样来近似计算。

2. 编程方法

蒙特卡罗平均值法的实现方法如下。根据已知条件,在$[a,b]$范围内任意随机产生 n 个 x,计算 $f(x)$ 的值并累加求和,然后求该区域内 $f(x)$ 的平均值,这个值相当于积分区域的平均高度,高度乘以宽度$(b-a)$,即为积分的面积。

```
double monte_carlo_integration(double a, double b, int n)
{
    double sum = 0;
    for (int i = 0; i < n; i++)
    {
        // 在[a,b]范围内随机取一个 x
        double x = (double)rand() / RAND_MAX * (b - a) + a;
        sum += f(x);                    //将积分符号转化为求和
    }
    return sum / n * (b - a);
}
```

下面,我们给出一个测试主函数 main 和辅助函数 $f(x)$ 来验证算法。

```
#include <iostream>
#include <stdlib.h>
#include <time.h>
#include <math.h>
using namespace std;
doublef(double x)
{
    return 1 + x * x;
}
int main()
{
    float a, b;
    cin >> a >> b;                   // 定积分区间[a,b]
    srand(time(0));                  // 设置随机数种子
    int n = 100000;                  // 随机采样次数
    double result = monte_carlo_integration(a, b, n);
    cout << result << endl;
    return 0;
}
```

运行结果如下：

```
1    3
10.6669
```

2.4　最大公约数问题

问题：编写算法，对于任意两个正整数 x 和 y，求出其最大公约数。测试用例如下：①用例 1 为 1 100 100 210 001，120 200 021；②用例 2 为 12 345，765。

2.4.1　算法实践——质因数分解法

1. 数学建模

质因数分解法：给定正整数 x、y，对 x 和 y 分别分解质因数，将 x 和 y 分解后的全部公有质因数提取出来相乘，所得的积就是 x 和 y 的最大公约数。

2. 编程方法

给定正整数 x 和 y，质因数分解法的 C++ 程序实现如下：

```cpp
int GCD(int x, int y) {
    int min = x < y ? x : y;
    int gcd = 1;
    for (int i = min; i > 1; i--) {
        if ((x % i) == 0 && (y % i) == 0) {
            gcd *= i;
            x /= i;
            y /= i;
        }
    }
    return gcd;
}
```

该方法的时间复杂度为 $O(\min(x,y))$，即 $O(n)$。

2.4.2　算法实践——辗转相除法

1. 数学建模

辗转相除法：给定正整数 x 和 y，假设 $f(x,y)$ 表示 x 和 y 的最大公约数，则有 $k=x/y$，$b=x\%y$，则 $x=ky+b$。如果一个数是 x 和 y 的约数，则其必是 b 和 y 的约数；相同地，若一个数是 b 和 y 的约数，则其必是 x 和 y 的约数，即 x 和 y 的公约数与 b 和 y 的公约数是相同的,其最大公约数也是相同的。因此,有 $f(x,y)=f(y,x\%y)(x\geqslant y>0)$,由此可把原问题转化为求两个更小数的最大公约数,直到其中一个数为 0,剩下的另一个数就是两者最大的公约数。

2. 编程方法

辗转相除法可以使用递归和非递归两种方法来实现,给定正整数 x 和 y,根据辗转相除法,可以得到如下 C++ 程序:

(1) 递归实现

```
long GCD(long x, long y){
    return y == 0? x:GCD(y,x % y);
}
```

(2) 非递归实现

```
long GCD(long x, long y){
    int t = 0;
    while (y){
        t = x % y;
        x = y;
        y = t;
    }
    return x;
}
```

该程序实现的时间复杂度近似为 $O(\log(\max(x,y)))$,即 $O(\log n)$。

2.4.3 算法实践——更相减损法

1. 数学建模

更相减损法:给定正整数 x 和 $y(x\geqslant y)$,如果一个数是 x 和 y 的约数,则必是 $x-y$ 和 y 的约数;相同地,若一个数是 $x-y$ 和 y 的约数,则其必是 x 和 y 的约数,即 x 和 y 的公约数与 $x-y$ 和 y 的公约数是相同的,其最大公约数也是相同的,即 $f(x,y)=f(x-y,y)$。辗转相除法用到了取模运算,但对大整数来说,取模运算的计算开销比较昂贵,更相减损法不需要进行取模运算,而是换成简单的减法运算,计算开销较小。

2. 编程方法

更相减损法可以使用递归和非递归两种方法来实现,给定正整数 x 和 y,更相减损法的 C++ 程序实现如下:

(1) 递归实现

```
long GCD(long x, long y){
    if (x < y) return GCD(y, x);
```

```
        if (y == 0) return x;
        else return GCD(x - y, y);
    }
```

（2）非递归实现

```
long GCD(long x, long y){
    while (x != y){
        if (x > y) x = x - y;
        else y = y - x;
    }
    return x;
}
```

两个数相差较大时辗转相除法的性能并不理想，比如 100000 和 1，因此，该程序的时间复杂度在最坏的情况下为 $O(\max(x,y))$，即 $O(n)$。

2.4.4 算法实践——Stein 算法

1. 数学建模

Stein 算法是在辗转相除法和更相减损法的基础上优化而来的。辗转相除法的问题在于计算复杂的大整数取模运算，更相减损法虽然避免了复杂的取模运算，但是其计算次数明显上升，因此考虑将两者结合成一个更优的算法——Stein 算法。给定两个正整数 x 和 y，如果 $x=kx_1,y=ky_1$，那么有 $f(x,y)=kf(x_1,y_1)$，另外，如果 $x=px_1$，假设 p 为素数，并且 $y\%p\neq0$，则 $f(x,y)=f(px_1,y)=f(x_1,y)$。由于 2 是素数，同时对于用二进制表示的大整数而言，可以很容易地将除以 2 和乘以 2 的运算转换成移位运算，从而避免大整数除法，由此可得以下算法：

① 若 x 和 y 都是偶数，则 $f(x,y)=2f(x/2,y/2)=2f(x\gg1,y\gg1)$；

② 若 x 为偶数，y 为奇数，则 $f(x,y)=f(x/2,y)=f(x\gg1,y)$；

③ 若 x 为奇数，y 为偶数，则 $f(x,y)=f(x,y/2)=f(x,y\gg1)$；

④ 若 x 和 y 都为奇数，则 $f(x,y)=f(x-y,y)$。

2. 编程方法

给定正整数 x 和 y，Stein 算法的 C++ 程序实现如下：

```
long GCD(long x, long y){
    if (x < y){
        int t = x;
        x = y;
        y = t;
    }
    if (y == 0) return x;
```

```
    if ((x & 1) == 0 && (y & 1) == 0) return GCD(x >> 1, y >> 1) << 1;
    else if ((x & 1) == 0 && (y & 1) != 0) return GCD(x >> 1, y);
    else if ((x & 1) != 0 && (y & 1) == 0) return GCD(x, y >> 1);
    else return GCD(x - y, y);
}
```

Stein 算法不但避免了取模运算较大的计算开销,同时也避免了两数相差较大导致计算次数较多的问题,算法性能稳定,时间复杂度为 $O(\log(\max(x,y)))$,即 $O(\log n)$。

最后,我们给出一个测试主函数 main 来验证算法:

```
#include <iostream>
using namespace std;
int main(){
    long x = 1100100210001;      //用例2:12345
    long y = 120200021;           //用例2:765
    long gcd;
    gcd = GCD(x, y);
    cout << x << " 和 " << y << " 的最大公约数为 " << gcd << endl;
    return 0;
}
```

输出结果如下:
(用例1)1100100210001 和 120200021 的最大公约数为 1
(用例2)12345 和 765 的最大公约数为 15

2.5　随机数的产生

问题:编写一个算法,产生 0~1 之间均匀分布的一个随机数。

2.5.1　算法实践——线性同余法

1. 数学建模

线性同余法(Linear Congruential Generator, LCG)是一个产生伪随机数的方法,它是根据如下递推公式计算随机数的:
$$r_i \equiv \mathrm{mod}(A \times r_{i-1} + B, M)$$
$$p_i = \mathrm{int}(r_i/M)$$
其中 A、B、M 是该方法设定的常数。

LCG 的周期最大为 M,但大部分情况下都会小于 M。要令 LCG 达到最大周期,应符合以下5个条件:

① B、M 互质;

② M 的所有质因数都能整除 $A-1$；

③ 若 M 是 4 的倍数，则 $A-1$ 也是 4 的倍数；

④ A、B、r_0 都比 M 小；

⑤ A、B 是正整数。

LCG 非常容易实现，且生成速度快，只需要很小的内存来维护状态，许多语言标准库中的随机函数都是采用这种方法产生的。但 LCG 的随性机一般，对于需要高质量随机数的应用，如蒙特卡罗算法，LCG 往往并不是理想的选择。

2. 编程方法

接下来我们根据上述公式，通过 C++编程来实现一个简单的随机数生成函数。

① 依据上述 5 个条件，我们选定如下参数：

$$A=2\,053.0$$
$$B=13\,849.0$$
$$M=65\,536$$

② 随机数生成函数需要一个随机种子作为输入，当输出一个随机数后，随机种子发生改变，之后生成的随机数会相应地不同。为了得到连续随机数，我们可以用 C++传引用的方式实现这种需求。根据上文的生成公式，C++随机数的代码生成函数 myrand 如下：

```cpp
doublemyrand(double &r)
{
    double M = 65536.0, A = 2053.0, B = 13849.0;
    r = r - int(r/M) * M;   //将随机种子限制在 0～65535 范围内，防止乘法溢出
    r = A * r + B;
    r = r - int(r/M) * M;
    return r/M;
}
```

③ 下面，我们给出一个测试主函数 main 来验证生成函数。

```cpp
#include<iostream>
using namespace std;
int main()
{
    double r = 9854;      //随机种子
    for(int i = 0;i<5;++i){
        cout << myrand(r)<< endl;
    }
    return 0;
}
```

运行结果如下：

0.90062

0.183167

0.252151

0.878326

0.415451

2.5.2　思维扩展

问题扩展:经常性地,我们需要生成的随机数符合一定的分布,比如下面的两个问题。

问题 1:如何产生任意区间$[a,b]$内均匀分布的一个随机整数?

问题 2:如何产生任意均值与方差的正态分布的一个随机数?

1.$[a,b]$区间均匀分布随机数

(1)数学建模

针对问题 1,我们需要首先产生在区间$[0,b-a+1]$内均匀分布的随机整数,其计算公式如下:

$$r_i = \mod(5r_{i-1}, 4m)$$
$$p_i = \text{int}(r_i/4)$$

其中,随机种子初值为$r \geqslant 1$的奇数,令$s = b - a + 1, m = 2^k, k = [\log_2 s] + 1$。然后将每个随机数加上$a$,即得到实际$[a,b]$区间的随机整数。

(2)编程方法

上述公式中,m的取值其实是满足大于s条件的 2 的指数的最小值,我们不需要使用数学函数即可得到:

```
int m = 2;
while (m <= s) {
    m = m + m;
}
```

其他部分类似于 2.5.1 小节的测试主函数,代码如下:

```
double rand_ab(int a, int b, double &r)
{
    int m = 2, p;
    int s = b - a + 1;
    while ( m <= s ) {
        m = m + m;
    }
    while(true)
    {
        r = (5 * r) - int((5 * r)/(4 * m)) * (4 * m);
        p = r/4 + a;
```

```
            if (p <= b)
                break;
        }
        return p;
}
```

2. 正态分布随机数

（1）数学建模

产生均值为 μ、方差为 σ^2 的正态分布随机数 y 的计算公式如下：

$$y = \mu + \sigma \frac{(\sum_{i=0}^{n-1} \mathrm{rnd}_i) - \frac{n}{2}}{\sqrt{n/12}}$$

其中 n 足够大。通常取 $n=12$ 时，上述公式的近似程度已是相当好了，此时我们可以将上述公式简化为：

$$y = \mu + \sigma(\sum_{i=0}^{11} \mathrm{rnd}_i - 6)$$

其中 rnd_i 为 $0\sim1$ 之间均匀分布的随机数。

（2）编程方法

利用产生 $0\sim1$ 之间均匀分布的随机数的函数 myrand，我们可以得到正态分布的随机数生成函数：

```cpp
double grand(int mu, int sigma, double &r)
{
    double sum = 0;
    for (int i = 0; i < 12; ++i){
        sum = sum + myrand(r);
    }
    return mu + sigma * (sum - 6);
}
```

下面，我们给出上面两个方法的测试主函数 main 来生成[100,120]区间内均匀分布的随机数和均值为 0、方差为 1 的正态分布的随机数。

```cpp
#include<iostream>
#include<ctime>
using namespace std;
int main()
{
    double r = 5695;      //随机种子,也可以使用 double r = time(0);
    for(int i = 0;i<5;++i){
        cout << rand_ab(100,120,r)<<'\t';
```

```
        cout << grand(0,1,r)<< endl;
    }
    return 0;
}
```

运行结果如下：

```
114   0.67337
109   0.767365
116   − 0.99411
119   − 0.0485535
102   0.166534
```

思考：上面的随机数，其实都是由算法实现的，当初始随机种子不变时，生成的随机数序列也是不变的，所以上面的随机数并不是真的随机，称为"伪随机数"。伪随机数算法依赖真正随机的随机种子，随机种子通常由专门的硬件实现，最常见的是计算机上的时间（见测试主函数注释），或使用无法预测的事件，譬如用户按键盘的位置与速度、用户运动鼠标的路径坐标等来产生。对于移动式计算，采用加速度传感器协助随机数生成亦是一种普遍做法。

以上介绍的都是基本的随机数生成算法，还有一个实现起来比较复杂的算法，即梅森旋转算法。梅森旋转算法是 R、Python、Ruby、IDL、Free Pascal、PHP、Maple、MATLAB、GNU 等多重精度运算库和 GSL 的默认伪随机数产生器。对于一个 k 位 2 进制数，梅森旋转算法可在 $[0, 2^{k-1}]$ 的范围内生成离散型均匀分布的随机数。从 C++11 开始，C++ 也可以使用这种算法。

本 章 小 结

本章通过对同一个问题采用不同的数据建模方法来分析和解决，运用相应的编程技巧来实现和验证的方式，以培养学生多角度思维的能力。显然，使用数学思维描述和分析一个问题是最简洁、清晰、严谨的方式，在此基础之上，将计算思维和数学思维相结合，训练学生运用计算思维跨越从数学建模到编程实现的鸿沟，是培养一个合格的工程师的必经之路。

第3章
计算思维解决数学技巧

在运用计算思维解决数学问题时,除了需要吸取数学思维方法外,基于时间复杂度、空间复杂度的考虑,还需要一些编程技巧。这些编程技巧也是进行问题求解时的一系列思维活动。无论是简单的数学问题,还是复杂的数学问题,都能够通过一些思维技巧来巧妙地解决。因此,本章通过一些在程序设计中被高频使用的数学问题,对比分析采用多种方式对其进行求解的过程,帮助学生学习并实践如何基于计算思维解决现实中抽象的数学问题。

3.1 寻找数组中的最大值和最小值

问题: 编写一个算法,对于一个由 N 个整数组成的数组,同时找出该数组中的最大值和最小值。测试数组:$[5, 7, 9, 3, 6, 8]$。

3.1.1 算法实践——独立求解

1. 数学建模

针对该问题,最简单的办法是遍历一次数组,分别求出最大值和最小值,假设数组由 N 个整数组成,则需要比较 $2N$ 次才能求出数组的最大值和最小值。

2. 编程方法

给定大小为 N 的数组 A,该方法的 C++ 程序实现如下:

```cpp
void FindMinMax(int A[], int N, int &min, int &max){
    min = A[0];
    max = A[0];
    for (int i = 1; i < N; i++){
        if (A[i] > max){
            max = A[i];
        }
```

```
    if (A[i] < min){
        min = A[i];
    }
    }
}
```

该程序的时间复杂度为 $O(n)$。

3.1.2 算法实践——快速求解 1

1. 数学建模

给定大小为 N 的数组 A，当 $N>1$ 时，数组的最大值和最小值不会是同一个数，我们可以先将数组中的数据分成两部分，再从这两部分中分别找出最大值和最小值。首先，把每个偶数位 a_{2k} 及其下一个奇数位 a_{2k+1} 看成一组，其中 $k=0,\cdots,\lfloor N/2\rfloor-1$；其次，将同组中的两个数进行比较，使 a_{2k} 等于较大的数，a_{2k+1} 为较小的数，经过 $N/2$ 次比较后，较大的数都放到了偶数位，较小的数都放到了奇数位；最后，从重排后的数组偶数位求出最大值 max，从奇数位求出最小值 min，整个算法共需要比较 $1.5N$ 次。

2. 编程方法

给定大小为 N 的数组 A，该方法的 C++ 程序实现如下：

```
void FindMinMax(int A[], int N, int &min, int &max){
    int temp, k;
    max = A[0];
    min = A[0];
    for (int i = 0; i < N / 2; i++){
        k = 2 * i;
        if (A[k] < A[k + 1]){
            temp = A[k];
            A[k] = A[k + 1];
            A[k + 1] = temp;
        }
        if (A[k] > max){
            max = A[k];
        }
        if (A[k + 1] < min){
            min = A[k + 1];
        }
    }
}
```

该程序的时间复杂度为 $O(n)$。

3.1.3 算法实践——快速求解 2

1. 数学建模

"快速求解 1"中的建模方法破坏了原数组，为避免对原数组进行改动，可在遍历的过程中进行比较，不对数组中的元素进行调换。首先，仍按照"快速求解 1"中的建模方法所述对数据进行两两分组。然后，利用两个变量 max 和 min 分别记录当前最大值和最小值，同一组进行比较后，不再对数组进行顺序调整，若 $\text{MAX}(a_{2k}, a_{2k+1}) > \text{max}$，则令 $\text{max} = \text{MAX}(a_{2k}, a_{2k+1})$，同理，若 $\text{MIN}(a_{2k}, a_{2k+1}) < \text{min}$，则令 $\text{min} = \text{MIN}(a_{2k}, a_{2k+1})$，最终遍历完数组即可得到数组中最大值 max 和最小值 min，整个算法共需要比较 $1.5N$ 次。

2. 编程方法

给定大小为 N 的数组 A，该方法的 C++程序实现如下：

```cpp
void FindMinMax(int A[], int N, int &min, int &max){
    int temp, k;
    max = A[0];
    min = A[0];
    for (int i = 0; i < N / 2; i++){
        k = 2 * i;
        if (A[k] < A[k + 1]){
            if (A[k + 1] > max){
                max = A[k + 1];
            }
            if (A[k] < min){
                min = A[k];
            }
        }else{
            if (A[k] > max){
                max = A[k];
            }
            if (A[k + 1] < min){
                min = A[k + 1];
            }
        }
    }
}
```

该程序的时间复杂度为 $O(n)$。

3.1.4　算法实践——分治法

1. 数学建模

采用分治法,在 N 个数中求最大值 max 和最小值 min,只需要分别求出前 $N/2$ 个数的最大值 max1 和最小值 min1,以及后 $N/2$ 个数的最大值 max2 和最小值 min2,然后使 max$=$MAX(max1,max2),min$=$MIN(min1,min2)即可。

2. 编程方法

给定大小为 N 的数组 A,假定数组需要比较的部分起始索引为 begin,结束索引为 end,则该方法的 C＋＋程序实现如下:

```cpp
void FindMinMax(int A[], int begin, int end, int &min, int &max)
{
    int maxL, minL, maxR, minR;
    if (end - begin <= 1){
        max = A[begin] < A[end] ? A[end]:A[begin];
        min = A[begin] < A[end] ? A[begin]:A[end];
        return;
    }
    FindMinMax(A, begin, begin + (end - begin) / 2, minL, maxL);
    FindMinMax(A, begin + (end - begin) / 2 + 1, end, minR, maxR);
    max = maxL > maxR ? maxL:maxR;
    min = minL > minR ? minR:minL;
    return;
}
```

用 $f(N)$ 表示该算法对 N 个数的情况需要比较的次数,则得到:

$$f(2)=1$$

$$f(N)=2 \cdot f\left(\frac{N}{2}\right)+2=2 \cdot \left(2 \cdot f\left(\frac{N^2}{2}\right)+2\right)+2=\cdots$$

$$=2^{\log_2 N-1} \cdot f\left(\frac{N}{2^{\log_2 N-1}}\right)+2^{\log_2 N-1}+\cdots+2$$

$$=\frac{N}{2} \cdot f(2)+2^{\log_2 N-1}+\cdots+2$$

$$=\frac{N}{2}+2 \cdot \frac{1-2^{\log_2 N-1}}{1-2}$$

$$=\frac{N}{2}+N-2$$

$$=1.5N-2$$

因此,该程序的时间复杂度为 $O(n)$。

最后,我们给出一个测试主函数 main 来验证算法:

```
# include < iostream >
using namespace std;
int main(){
    int min, max;
    int A[6] = {5, 7, 9, 3, 6, 8};
    FindMinMax(A, 6, min, max);
    //编程方法 4 中上一行需替换为：FindMinMax(A, 0, 5, min, max);
    cout << "数组最大值为：" << max << endl;
    cout << "数组最小值为：" << min << endl;
    return 0;
}
```

输出结果如下：

数组最大值为：9 数组最小值为：3

3.2 计算最大值和次大值

问题：编写一个算法，对于一个由 N 个整数组成的数组，同时找出该数组中的最大值和次大值，测试数组 1 为[3，2，1，6，**8**，5，**9**，7]；测试数组 2 为[3，2，**9**，6，8，5，**9**，7]；测试数组 3 为[**9**，**9**，**9**，**9**，**9**，**9**，**9**，**9**]。

注意：测试数组 1 中，没有重复数字，且最大值和次大值不相同。

测试数组 2 中，最大值有重复，即有两个相同的最大值。

测试数组 3 中，情况极端，所有数值都是最大值。

3.2.1 算法实践——分步计算

1. 建模分析

该问题中隐含了一个条件，就是最大值和次大值能否相同？若可以相同，那么如何构建算法？若不可以相同，即对输入数据有要求，至少要有两个不同的数值，那么如何构建算法？

① 若最大值和次大值可以相同，则最简单的想法如下：若我们已知如何寻找最大值，那么我们构建两次寻找最大值的算法，使得次大值和最大值的位置不同即可。

② 若最大值和次大值不可以相同，那么在上述寻找次大值的算法中添加一个条件，即除了使得次大值和最大值的位置不同，次大值和最大值的数值也不同。若找到符合条件的最大值和次大值，返回 0；否则，返回－1。

若数据长度为 N，需要对数组进行 2 次遍历，该算法的时间性能有待提高。

2. 编程方法

基于上述分析，C++代码实现如下，其中①为最大值和次大值可以相同的算法，②为最大值和次大值不相同的算法,由于使用了共同变量 nSecondMax,测试过程中标①的部分和标②的部分需要单独运行测试。

```cpp
int Find2Max(int A[], int N, int& nMax, int& nSecondMax)
{
    nMax = A[0];
    int j = 0;
    //寻找最大值
    for (int i = 1; i < N; i ++){
        if (A[i] > nMax){
            nMax = A[i];
            j = i;
        }
    }
    //①最大值和次大值是数组中不同位置的数,可以相同
    nSecondMax = A[! j];
    for (int i = 1; i < N; i ++){
        if ( (i!= j) && A[i]> nSecondMax ){
            nSecondMax = A[i];
        }
    }
    //①结束

    //②最大值和次大值是数组中不同位置的数,不可以相同
    nSecondMax = A[! j];
    for (int i = 1; i < N; i ++){
        if ( (i!= j) && A[i]!= nMax && A[i]> nSecondMax ){
            nSecondMax = A[i];
        }
    }
    if(nSecondMax == nMax )
        return -1;
    //②结束
    return 0;
}
```

测试函数如下:

```cpp
#include <iostream>
using namespace std;
int main()
```

```
{
    int nMax,  nSecondMax;
    int A1[] = {3,2,1,6,8,5,9,7};            //测试数组1
    int A2[] = {3,2,9,6,8,5,9,7};            //测试数组2
    int A3[] = {9,9,9,9,9,9,9,9};            //测试数组3
    cout <<"测试数组1:返回值:"<< Find2Max(A1, 8, nMax, nSecondMax);
    cout <<"\t 最大值:"<< nMax <<"\t 次大值:"<< nSecondMax << endl;
    cout <<"测试数组2:返回值:"<< Find2Max(A2, 8, nMax, nSecondMax);
    cout <<"\t 最大值:"<< nMax <<"\t 次大值:"<< nSecondMax << endl;
    cout <<"测试数组3:返回值:"<< Find2Max(A3, 8, nMax, nSecondMax);
    cout <<"\t 最大值:"<< nMax <<"\t 次大值:"<< nSecondMax << endl;
    return 0;
}
```

使用不同的测试数据,运行结果如下:

① 测试数组1:　　　　返回值:0　　最大值:9　　次大值:8
　　测试数组2:　　　　返回值:0　　最大值:9　　次大值:9
　　测试数组3:　　　　返回值:0　　最大值:9　　次大值:9

② 测试数组1:　　　　返回值:0　　最大值:9　　次大值:8
　　测试数组2:　　　　返回值:0　　最大值:9　　次大值:8
　　测试数组3:　　　　返回值:−1　　最大值:9　　次大值:9

3.2.2 算法实践——同步计算

1. 建模分析

分步计算最大值和次大值,算法简单,但时间性能较差,那么我们是否可以遍历一次就将最大值和次大值同时找出来呢? 我们依然按照最大值和次大值能否相同分开进行讨论。

① 若最大值和次大值可以相同,则在每一次循环中,待比较变量分别和已知的最大值和次大值比较:

若该变量大于最大值,则更新最大值,最大值赋值次大值;

若该变量小于最大值,大于次大值,则仅更新次大值。

否则,继续下轮循环。

② 若最大值和次大值不可以相同,那么在每一轮循环与最大值和次大值的比较中,需要再添加一个条件:

若该变量大于最大值,则更新最大值为该变量,更新次大值等于最大值;

若该变量等于最大值,则进行下一轮循环;

若该变量小于最大值,大于次大值,则仅更新次大值;

否则,继续下轮循环。

循环结束后,若最大值和次大值不同,则返回0;否则,返回−1。

若数据长度为 N,只需要进行 1 次遍历,该算法的时间性能较高。

2. 编程方法

```
int Find2Max(const int A[], int N, int&nMax, int& nSecondMax)

{
    nMax = A[0];
    nSecondMax = A[0];
    for (int i = 0; i < N; i++)
    {
        if (nMax < A[i]) {
            nSecondMax = nMax;
            nMax = A[i];
        }
        else if (nMax == A[i])  continue; //②最大值和次大值不相同
        else if (nSecondMax < A[i]) {
            nSecondMax = A[i];
        }
    }
    if(nSecondMax == nMax )
        return -1;
    return 0;
}
```

测试函数同 3.2.1 小节的 main()。注意测试最大值和次大值可以相同的情况,这种情况下需要注释掉②所在的那一行代码。

3.3 数组循环移位

问题:设计并实现一个算法,把一个含有 N 个元素的数组循环右移 K 位。

测试用例:12345678。

注:若 $K=4$,则循环右移后 12345678→56781234。

3.3.1 算法实践——循环右移 N 位

1. 数学建模

最简单的方法就是每次将数组中的元素右移一位,循环 K 次,对 K 进行分析可得,当 $K > N$ 的时候,右移 K 位等同于右移 $K-N$ 位,进而可得右移 K 位与右移 $K'=K\%N$ 位之后的情况一样。设 $K=K\%N$,则时间复杂度是 $O(K \cdot N)$。

2. 编程方法

给定含有 N 个元素的数组和右移位数 K，循环右移 N 位的C++算法实现如下：

```cpp
void RightShift(int *arr, int N, int K){
    K = K % N;
    while (K--){
        int t = arr[N - 1];
        for(int i = N - 1; i > 0; i--){
            arr[i] = arr[i - 1];
        }
        arr[0] = t;
    }
}
```

3.3.2 算法实践——三次翻转法

1. 数学建模

以 12345678 右移 4 位为例，右移后的数组为 56781234，不难发现其中 5678 和 1234 两段的顺序是不变的，因此可把原数组看成两个部分，第一个部分由数组第 1 个到第 $N-K$ 个元素组成，第二个部分由数组第 $N-K+1$ 个到第 N 个元素组成，右移 K 位的过程就是把数组的两部分进行交换，变换过程如下：

① 逆序排列第一部分（12345678→43215678）；

② 逆序排列第二部分（43215678→43218765）；

③ 整体逆序排列（43218765→56781234）。

2. 编程方法

给定含有 N 个元素的数组和右移位数 K，三次翻转法的C++算法实现如下：

```cpp
void Reverse(int *arr, int start, int end){
    for(; start < end; start++, end--){
        int s = arr[end];
        arr[end] = arr[start];
        arr[start] = s;
    }
}
void RightShift(int *arr, int N, int K){
    K = K % N;
    Reverse(arr, 0, N - K - 1);
    Reverse(arr, N - K, N - 1);
    Reverse(arr, 0, N - 1);
}
```

该算法的时间复杂度是 $O(N)$。

最后,我们给出一个测试主函数 main 来验证算法:

```
#include<iostream>
using namespace std;
int main(){
    int num[8] = {1,2,3,4,5,6,7,8};
    RightShift(num,8,4);
    for(int i = 0; i<8;i++){
        cout<<num[i]<<'';
    }
    cout<<endl;
    return 0;
}
```

运行结果如下:

```
5 6 7 8 1 2 3 4
```

3.4　奇数偶数分离问题

问题:任意一个整型数组,里面有奇数和偶数,编写一个程序,将奇偶数分开存放在数组中(奇数在前偶数在后)。比如:

测试数据为 $3, 4, 2, 5, 6, 9, 3, 7, 8, 10, 1$;

输出结果为 $3, 1, 7, 5, 3, 9, 6, 2, 8, 10, 4$。

3.4.1　算法实践——简单算法

1. 数学建模

显然,最容易想到的方法就是新建一个数组,进行多次拷贝:

① 第一次遍历,将已知数组中的奇数拷贝到新数组,记录新数组中最后一个奇数的位置;

② 第二次遍历,将已知数组中的偶数拷贝到新数组中的奇数后面;

③ 将新数组拷贝到原数组中。

假设数组长度为 n,则上述方法的空间效率是 $O(n)$,时间效率是 $3n$。

2. 编程方法

针对上述建模思想,C++代码如下:

```
#include<memory.h>
using namespaces std;
```

```cpp
void OddAndEven(int A[], int n)
{
    int * B = new int[n];          //开辟新的存储空间,存储删除重复数字之后的数组
    int k = 0;
    for (int i = 0; i < n; i++ )
        if (A[i] %2 != 0){         //发现奇数,拷贝
            B[k] = A[i];
            k++;
        }
    for (int i = 0; i < n; i++ )
        if (A[i] %2 == 0){         //发现偶数,拷贝
            B[k] = A[i];
            k++;
        }

    memcpy(A, B, sizeof(int) * n); //将存储在临时空间 B 中的数据拷贝给数组 A
    delete[]B;
}
```

3.4.2 算法实践——二分区算法

1. 数学建模

那么有没有办法只需要遍历一次就将数组中的奇偶数分开呢？这就要用到二分区算法。二分区算法的基本思想就是从前后两个方向同时遍历数组,从前遍历找到偶数,从后遍历找到奇数,然后将两个数字交换位置即可。具体步骤如下：

① 不妨设数组长度为 n,设置两个下标指针,分别指向数组的第一个元素 $i=0$ 和最后一个元素 $j=n-1$;

② i 从 0 开始,从前到后遍历数组 $i++$,发现偶数停下,记录位置 i;

③ j 从 $n-1$ 开始,从后到前遍历数组 $j--$,发现奇数停下,记录位置 j;

④ 将 i 位置的偶数和 j 位置的奇数交换;

⑤ 重复步骤②、③、④,直到 $i==j$ 为止。

假设数组长度为 n,则上述方法的时间效率是 n,空间效率是 $O(1)$。

2. 编程方法

针对上述建模思想,二分区算法的C++代码如下：

```cpp
void OddAndEven(int a[], int len)
{
    int i = 0;
    int j = len - 1;
```

```
while (i < j)
{
    while ((i < j) && (a[i] % 2 == 1)) i++;
    while ((i < j) && (a[j] % 2 == 0)) j--;
    int t = a[i];
    a[i] = a[j];
    a[j] = t;
}
}
```

测试函数如下：

```
#include <iostream>
using namespace std;
int main()
{
    int a[10] = {4,2,5,6,9,3,7,8,10,1};
    OddAndEven(a,10);

    for (int i = 0;i < 10;i++)
        cout << a[i] << '';

}
```

思维扩展：上述数组中是两类数字，分成两部分，倘若数组中有三类数字，如何借鉴二分区算法，将这三类数字在数组中按序排列？比如：原数组为 2132213213321，分区后数组为 1111222223333。这就是著名的荷兰国旗问题。

3.4.3　思维扩展——荷兰国旗问题

　　荷兰国旗问题，即如图 3-1 所示，将乱序的红、白、蓝三色（图中为灰、白、黑三色）小球排列成有序的红、白、蓝三色的同颜色在一起的小球组（R 代表红色，W 代表白色，B 代表蓝色，这都是荷兰国旗的颜色），可以将红、白、蓝三色小球想象成条状物，有序排列后正好组成荷兰国旗。

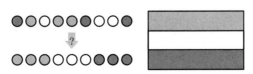

图 3-1　荷兰国旗问题

1. 数学建模

荷兰国旗问题如果不考虑时间复杂度的话,可以有很多种解决方法,本题的难点在于,如何仅扫描一遍数组,即在 $O(n)$ 的时间复杂度下,就能将三色小球分到各自应归的位置。

荷兰国旗问题中的数组分为前部、中部和后部三个部分,把每个小球看成一个元素,则每一个元素必属于其中之一。由于红(R)、白(W)、蓝(B)三色小球的数量并不一定相同,所以这三个区域不一定是等分的,因此,基本思想就是:将前部和后部各排在数组的前边和后边,中部自然就排好了。

算法过程如图 3-2 所示。这里 R=0,W=1,B=2 。设置两个标志位 begin 和 end,分别指向数组的开始和末尾,然后用一个标志位 current 从头开始进行遍历。

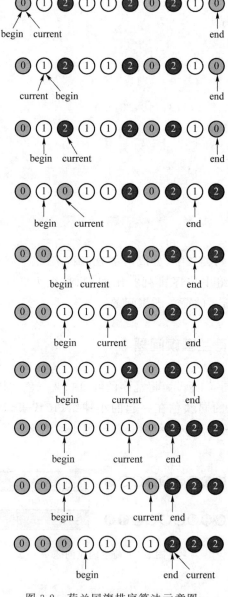

图 3-2　荷兰国旗排序算法示意图

① 若遍历到的位置为 R,则说明它一定属于前部,于是就将其和 begin 位置进行交换,然后 current 加 1,向后移一位,begin 加 1,也向后移一位(表示前边的已经都排好了)。

② 若遍历到的位置为 W,则说明它一定属于中部,根据总思路,中部的我们都不动,然后 current 向前进。

③ 若遍历到的位置为 B,则说明它一定属于后部,于是就将其和 end 位置进行交换,由于交换完毕后 current 指向的可能是属于前部的,若此时 current 前进则会导致该位置不能被交换到前部,所以此时 current 不前进。而同①,end 减 1,向前移动一位。

2. 编程方法

针对上述算法过程,C++代码如下:

```
void shuffle(int r[],int n)
{
    int current = 0;
    int end = n-1;                    //数组末尾
    int begin = 0;                    //数组开始
    while( current <= end )
    {
        if( r[current] == 0 ){
            int t = r[current]; r[current] = r[begin]; r[begin] = t;
                                      //红白交换
            current++;
            begin++;
        }
        else if( r[current] == 1 )    //白色不移动
            current++;
        else {
            int t = r[current]; r[current] = r[end]; r[end] = t; //蓝白交换
            end--;
        }
    }
}
```

该算法由于仅扫描了一遍数组,因此时间复杂度为 $O(n)$。

3.5 数制转换问题

问题:任意给出 10 进制的正整数,转成二进制输出。比如:十进制 77,转成二进制是 1001101。

3.5.1 算法实践——递归

1. 数学建模

递归算法就是指自己直接或间接调用自己的函数。为了更好地理解利用递归算法实现数制转换，先来了解一下函数调用过程，如图 3-3 所示，函数调用过程就是主函数 main() 调用子函数 fun() 的过程。其中，保存现场指的是 fun() 被调用前，需要将调用地址、形式参数和局部变量等入栈的操作；恢复现场指的是 fun() 被调用后，需要将已用完的局部变量、形式参数、调用地址出栈，并返回 main() 调用 fun() 的位置。

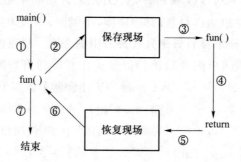

图 3-3　函数调用过程示意图

递归函数是自己调用自己的函数，因此，写好一个递归函数需要明确两个问题：①什么情况下递归结束？②递归调用中，哪些参数是不断变化的？

以数制转换问题为例，当将十进制数 n 转换成二进制数 b 时，数学计算口诀为逢 2 取余，逆序读取，也就是反复计算 $n = n\%2$ 的余数，直到 $n == 0$ 时结束，然后将所有余数倒序输出，即为二进制结果。图 3-4 所示为十进制数 77 转成二进制数 1001101 的过程。

输入n	商$r = n/2$	余数t	
77	38	1	
38	19	0	
19	9	1	
9	4	1	逆序读取
4	2	0	
2	1	0	
1	0	1	
0			

图 3-4　十进制数 77 转成二进制数 1001101 的过程

其中，递归结束条件是商 $r = 0$；不断变化的变量是 n，变化条件是 $n = n/2$；余数 t 用来输出，由于是逆序读取，需要先调用递归函数，再输出即可。

2. 编程方法

针对上述建模步骤，递归算法的C++代码实现如下：

```
void Reverse(int n)
{
    if (n>0)                    //递归结束条件
```

```
    {
        int t = n % 2;                  //计算余数
        Reverse(n/2);                   //递归调用 n = n/2
        cout << t;                      //先递归,再输出
    }
}
```

3.5.2　算法实践——栈

1. 数学建模

用栈来实现数制转换,本质就是将递归函数中保存现场和恢复现场中处理数据的部分用栈进行实现。数制转换原理和 3.5.1 小节一致。具体来说,每一次循环依然需要完成求商和求余数两个操作,其中:①本次循环计算得到的商作为下一次循环的被除数,并且商还用来作为循环是否结束的判别条件;②本次循环计算得到的余数,并不能直接输出,需要保存在栈中,利用栈的后进先出 LIFO 特性达到逆序读取的目的。

2. 编程方法

针对上述分析,C++代码如下:

```cpp
void Reverse(int n)
{
    int Stack[128];                     //栈
    int top = -1;                       //栈顶指针
    while(n > 0)
    {
        Stack[++top] = n % 2;           //计算余数,余数入栈
        n = n/2;                        //迭代
    }
    while (top! = -1)
        cout << Stack[top--];           //出栈,逆序输出余数
}
```

测试函数如下:

```cpp
#include <iostream>
using namespace std;
int main()
{
    int n;
    cin >> n;
    Reverse(n);
}
```

3.6　删除重复元素问题

问题: 对于非递减有序数组 A,编写一个算法,使得数组 A 中没有重复元素。

比如:int$A[17]$ = { 1,2,2,2,4,5,5,8,8,8,8,9,10,12,15,19,19 };输出 A = {1,2,4,5,8,9,10,12,15,19}。

3.6.1　算法实践——简单算法

1. 数学建模

最容易想到的方法就是开辟一个新的空间,遍历原数组 A 并进行判断,判断是否将该元素拷贝到新数组中,若当前遍历的元素下标为 i,判断方法如下:

① 若 $A[i]$!= $A[i-1]$,说明元素 $A[i]$ 不重复,则将 $A[i]$ 拷贝到数组 B 中相应位置;

② 否则,继续循环,不进行拷贝。

遍历结束,将数组 B 中的元素拷贝到数组 A 中即可。

若数组长度为 N,该算法的时间复杂度为 $O(N)$,空间复杂度为 $O(N)$。

2. 编程方法

针对上述分析,C++代码如下:

```cpp
#include<memory.h>
using namespaces std;
void DeleteSame(int A[], int n,int &k)
{
    int * B = new int[n];       //开辟新的存储空间,存储删除重复数字之后的数组
    B[0] = A[0];
    k = 1;                      //数组 B 中待拷贝元素下标
    for (int i = 1; i<n; i++ )
        if (A[i] != A[i-1]){    //发现元素不重复,拷贝
            B[k] = A[i];
            k++;
        }
    memcpy(A, B, sizeof(int) * k);//将存储在临时空间 B 中的数据拷贝给数组 A
    delete[]B;
}
```

注意:memcpy()函数包含在头文件<memory.h>中。

3.6.2　算法实践——最优算法

1. 数学建模

从空间性能上,我们希望不增加额外的数组空间;从时间性能上,我们希望只遍历一次就能删除重复元素,该如何设计?这就需要在遍历的过程中记录两个位置:①最后不重复的元素的下标,即前一次被替换元素的下标 k;②当前遍历的位置下标 i。

算法过程如下:遍历数组 A,i 从 $1\sim n$ 递增,若 $A[k]==A[i]$,说明 $A[i]$ 是重复元素,则 i 继续遍历;若 $A[k]!=A[i]$,说明 $A[i]$ 不是重复元素,$k++$,$A[i]$ 替换 $A[k]$ 位置的元素。

若数组长度为 N,则该算法的时间性能为 $O(N)$,不需要辅助空间。

2. 编程方法

针对上述分析,C++代码如下:

```cpp
void DeleteSame(int A[], int n,int &k)        // n 为数组 A 长度
{
    int i = 1;                                //① 从第 2 个元素开始遍历
    k = 0;                                    //② 定义指针 k,记录最后不重复的
                                              //   元素的下标

    while (i < n) {
        if (a[i]!= a[k]) {
            k++;
            a[k] = a[i];                      //元素被替换,程序关键
        }
        i++;
    }
    k++;                                      //返回当前数组 A 有效元素个数
}
```

测试函数如下:

```cpp
#include <iostream>
using namespace std;
int main()
{
    int A[17] = { 1,2,2,2,4,5,5,8,8,8,8,9,10,12,15,19,19 };
    int k = 0;
    cout <<"原始数组:\t"
    for (int i = 0;i < k;i++) cout << A[i]<<" ";
    DeleteSame(A, 17, k);
```

```
cout <<"\n 删除重复元素后:"
for (int i = 0;i < k;i++) cout << A[i]<<" ";
cout << endl;
}
```

运行结果如下：

原始数组：　　　1,2,2,2,4,5,5,8,8,8,8,9,10,12,15,19,19
删除重复元素后:1,2,4,5,8,9,10,12,15,19

3.7　连续最大数值问题

问题:这是一道来自 Leetcode 的华为公司的面试题,题目如下。有一排树木,编号 1,2,3,…,总共有 m 棵树,假如这 m 棵树会死掉 n 棵,这 n 棵树的编号为 2,4,6,…,现有 k 棵树可以去补充已死的树,求补完之后,连续树木的最大数量。

例如:输入

5　　　　　有 5 棵树
2　　　　　死掉 2 棵
2　　3　　死掉树的编号 2,3
1　　　　　可以补 1 棵

输出

3

1. 算法分析(发现隐含条件)

乍一看,该问题似乎很复杂,但我们分析一下会发现,这是一道特别简单的题,因为里面隐藏着一些隐含条件。就本题来说,补充的树木一定会填充在连续的空缺编号中,即若是空缺 2,4,6,9,…,可以补充 2 棵树,那么一定要补充在[2,4],[4,6],[6,9]这样连续的空缺编号中,才能保证连续树木的最大数量,所以,问题一下子就清晰了。

我们需要做的事情就是执行以下步骤:

① 使用一个数组 T 保存树的状态,不妨将有树的地方设置为 1,空缺的地方设置为 0;

② 选择第 i 个补充位置,i 为空缺编号,若是可以补充 k 棵树,就连续找 k 个值为 0 的位置,填充为 1;

③ 从第一个填充位置向前搜索,直到数组 T 下标为 1 或碰到 0,结束,记录位置 start;

④ 从最后一个填充位置向后搜索,直到数组 T 结束或碰到 0,结束搜索,记录位置 end;

⑤ 计算[start,end]窗口中的树木数量 max,恢复空缺位置为 0,选择 i 的下一个空缺编号。

反复执行②~⑤,寻找 max 最大的那个窗口,即我们要求的答案。

2. 编程实现

根据上面的分析,我们编写一个 FillTree()函数来执行②~⑤的过程,如下所示:

```
int FillTree(int t, int n, int dieID[], int k) //返回值为连续树木的最大数量
//t 为总的树木,n 为死掉的树木,dieID 为死掉树木的 ID,k 为补充树木,
{
    //简化滑动窗口算法
    int s;                          //记录填树的起始位置
    int m = 1;                      //临时记录填树的起始位置
    int dis = 0;                    //填充完毕,计算连续树木的最大数量
    while(end <= t && m <= n - k + 1)
    {
        for(int i = 0;i < k;i++)        //填充空缺树木
            tree[dieID[m + i]] = 1;
        //左延窗口
        int start = dieID[m];
        while (tree[start - 1] == 1) start--;
        //右延窗口
        int end = dieID[m + k - 1];
        while (tree[end + 1] == 1) end++;

        if (end - start + 1 > dis)
        {   dis = end - start + 1;
            s = m;
        }
        for(int i = 0;i < k;i++)        //恢复初始树木状态
            tree[dieID[m + i]] = 0;

        m++;                            //换下一个位置补充树木
    }
    for (int i = 0; i < k ;i++)
        cout << dieID[s + i]<< endl;
    return dis;
}
```

测试函数如下:

```
#include <iostream>
using namespace std;
int main()
{
    int t, n, k,int dieID[100],tree[256];
    cout <<"一共多少棵树?";
```

```
cin>>t;
for(int i=1;i<=t;i++) tree[i] = 1;
cout <<"一共死掉多少棵树?";
cin>>n;
cout <<"死掉的树的编号?";
for(int i=1;i<=n;i++)
{   cin>>dieID[i];    tree[dieID[i]] = 0;
}
cout <<"一共可以补几棵树?";
cin>>k;

cout <<"填充位置?";
FillTree(t,n,dieID,k);
}
```

运行结果如下：

```
输入:一共多少棵树?        10
     一共死掉多少棵树?      4
     死掉的树的编号?        2 4 6 8
     一共可以补几棵树?      2
输出:填充位置
       6
       8
```

本 章 小 结

世界上有很多数学问题是非常需要使用计算机来解决的,思维方式决定了人们解决问题的思路,但无论如何,简单、直接、有效永远是解决问题的最高目标。从数学中发现规律,使规律简化成分支、循环、计算等处理步骤,然后得到有效的结论,可以让我们从计算思维的角度,理解和验证数学问题的正误,这就达到了本章的目的。

第4章
计算思维解决抽象问题

在计算机领域中,很多问题需要抽象为数学问题,才能够更好地被计算机计算和解决。因此,计算思维的训练关键之一就是抽象思维训练,即基于计算机强大的算力,从问题、数据和算法设计出发,通过编程将这种思维变成现实。换句话说,就是学习如何根据实际问题,进行问题抽象,即将实际问题中的数据、算法抽象成一个可解决的计算问题,找出解决该问题的通用算法,这就是抽象思维。本章从易到难精选了计算机领域和人工智能领域中交叉的一些实际工程问题,例如比赛名次问题、抢20游戏问题、莫尔斯码问题、微信红包算法、智力拼图问题、基因序列相似度问题、地铁线路查询问题等,以培养学生的抽象计算思维。

4.1　比赛名次问题

问题:甲、乙、丙3位球迷分别预测已进入半决赛的4支球队 A、B、C、D 的名次如下。

甲预测:A 第1名,B 第2名。

乙预测:C 第1名,D 第3名。

丙预测:D 第2名,A 第3名。

设比赛结果4支球队名次各不相同,且甲、乙、丙各预测对一半,求4支球队的名次。

算法实践——枚举法。

(1) 数学建模

首先考虑4支球队的比赛名次分别为1、2、3、4,若名次各不相同,那么这4个数字的排列组合如下:

1234、1243、1324、1342、1423、1432、

2134、2143、2314、2341、2413、2431、

3124、3142、3214、3241、3412、3421、

4123、4132、4213、4231、4312、4321

总共24种排列组合,甲、乙、丙3人对比赛名次的预测相当于约束条件,其中只有一种情况符合甲、乙、丙的预测,该问题的目标就是找出同时符合甲、乙、丙预测的比赛名次。因此,可以使用枚举法将所有可能的名次列举出来,匹配甲、乙、丙3人的条件,当条件同时成

立,则该名次为答案。

那么如何枚举所有名次? 我们可以建立 3 重循环,每一重循环都对应一支球队,可以在循环中枚举该球队可能取得的排名(第 1 名、第 2 名、第 3 名或第 4 名),我们只对 3 支球队的排名进行枚举,只要前 3 个名次 a、b、c 确定,则第 4 个名次一定是 $d=10-a-b-c$。

关于如何匹配甲、乙、丙的预测,由于甲、乙、丙预测各对一半,可以采用逻辑表达式"&&"和"‖"组合上述条件,具体如下。

① 甲预测:A 第 1 名,B 第 2 名→(a==1 && b! =2) ‖ (a! =1 && b==2)

上述表达正确,但较为烦琐,那是不是还有更方便的表达呢? 比如使用"! ="。

② 甲预测:A 第 1 名,B 第 2 名→(a==1) ! =(b==2)

显然,第 2 种表达方式更简洁,所以我们采用第 2 种表达方式来进行条件匹配。乙和丙的预测表达式同上。

(2) 编程方法

根据上述分析,C++代码实现如下:

```cpp
void GetRank()
{
    int a,b,c,d;                          //a b c d分别代表 ABCD 4支球队的名次
    for(int a = 1;a<=4;a++)            // A 队名次循环
        for(int b=1;b<=4;b++){        // B 队名次循环
            if(a==b) continue;
            for(int c=1;c<=4;c++){ // C 队名次循环
                if(c==a ‖ c==b) continue ;
                d = 10-a-b-c;
                if(((a==1)! =(b==2)) && ((c==1)! =(d==3))
                    &&((d==2)! =(a==3))) {
                //甲预测 、乙预测、丙预测同时成立
                    cout <<"A = "<<a<<", B = "<<b
                        <<", C = "<<c<<", D = "<<d<<endl;
                }
            }
        }
    return ;
}
```

测试函数如下:

```cpp
# include <iostream>
using namespace std;
int main(){
    GetRank();
}
```

运行结果如下：

A = 3, B = 2, C = 1, D = 4

4.2　抢 20 游戏问题

问题：两个人做一个游戏，其中一个人可以从 1 和 2 中挑一个数字，另一个人在对方的基础上选择加 1 或加 2，然后又轮到第一个人再次选择加 1 或加 2。之后双方交替选择加 1 或加 2，谁正好加到 20，谁就赢了。请问用什么策略保证一定能赢？进一步，这样的过程一共有多少种？

算法实践——逆向思维。

（1）数学建模

这个问题若从小到大去考虑还是很有难度的。如果将最后加到的数改成 5，则比较容易想清楚。但是对于 20，甚至更大的数，由于情况比较复杂，很难通过列举所有情况来解决，这时就必须换个思路来思考了。

这就要用到逆向思维，就是我们倒过来想这个问题。要想抢到 20，就需要先抢到 17，因为抢到 17 之后，无论对方加 1 还是加 2，你都可以加到 20。而要想抢到 17，必须先抢到 14，依此类推，即必须抢到 11、8、5 和 2，也就是逆序抢到如下数值序列：

$$20 \to 17 \to 14 \to 11 \to 8 \to 5 \to 2 \quad \text{逆向思维}$$

因此，对于这道题，只需要第一个说出 2 就能赢。这就是递归的思想。根据这个思想继续扩展，无论是抢到 30 还是 50，都可以这样处理。其中最核心的地方在于，要看清对方选择 1 还是 2，只要控制每一轮两人喊出的数字总和为 3，就能牢牢控制整个过程。

下面，我们计算一下这样的过程一共有多少种。按照递归的思路，假设最后加到的数为 20，一共有 $f(20)$ 种不同的路径到达 20 这个数字，那么到达 20 的前一步只有两种可能的情况，即从 18 跳到 20（18＋2＝20），或者从 19 跳到 20（19＋1＝20），由于这两种情况完全没有重合，因此到达 20 的路径数量就是 $f(20) = f(18) + f(19)$。

依此类推，$f(18) = f(17) + f(16)$，$f(19) = f(18) + f(17)$，这就是递归公式。它的普遍形式是

$$f(n) = f(n-1) + f(n-2)$$

其中，当 $n = 1$ 时，$f(1) = 1$；当 $n = 2$ 时，$f(2) = 2$；作为递归结束条件，从而依次递推得到 $f(3) = f(1) + f(2)$。依次倒推得到 $f(20)$。

上面的公式是不是特别熟悉？它就是著名的斐波那契数列。

（2）编程方法

```
int Fibo(int n)
{
    if (n == 1) return 1;
    if (n == 2) return 2;
    if (n > 2)
```

```
        return f(n-1) + f(n-2);

    return 0;      //输入错误,返回 0
}
```

测试函数如下：

```
#include <iostream>
using namespace std;
int main()
{
    cout << "F(20) = "<< Fibo (20)<< endl
    return 0;
}
```

运行结果如下：

```
F(20) = 10946
```

4.3 莫尔斯码问题

4.3.1 编码思维

计算机擅长存储、传输和处理信息,但是要对信息进行编码后,才能进行处理。因此,有效的编码是计算机科学的基础,而通常计算机使用的都是二进制编码,那么为什么二进制编码是有效呢？我们通过几个例子来理解编码的好处。

问题 1:用一双手的 10 个手指头,能表达多少个数字？

答案 1:10 个数字。一个指头表示一个,依次伸出不同手指,表示 10 个数。

答案 2:100 个数字。一只手用不同的手指组合可以表示 10 个数字,这是个位;第二只手,可以用来表示十位,那么就是 100 个数字。

答案 3:1 024 个数字。把每一个手指当成二进制的 1 位,收起和伸出是两个状态,那么,不同状态的手指代表不同的位数 0 和 1,10 个手指就是 2^{10} =1 024 个数字。

答案 4:若是一个手指的状态分成收起、半伸出、伸出 3 个状态,或者更多状态,那不就可以表示更多的数字？ 这个想法不错,但是半伸出和伸出不易分辨,也就是容易产生二义性,造成错误,这就过犹不及了。

所以,从上面这个问题的分析可以获得两方面的认知,一是编码表示能够表示更多数字;二是编码需要稳态表示,不能有二义性,二进制就是一个稳态表示。

问题 2:我们再来看一个黄金分割问题。雇主家只有一根金条,需要雇佣农民连续工作 7 天。农民每天的工资是一根金条中的 1/7,农民可能在任意一天要求支付工资。如何切割金条,才能确保每天可以支付给农民所应得的工资?

这也是一个编码问题,就是说最少用几个数字的组合,就能表示 1~7 这几个不同数字。我们来看一下 1~7 的每个数字可以如何累加得到:

$1=1$

$2=2$

$3=1+2$

$4=7-3$

$5=4+1$

$6=2+4$

$7=1+2+4$

我们使用 1、2、4 最多 3 个数字就可以组合得到 1~7 这几个数字,放到黄金上来说,我们第一刀在 1/7 的位置切下去,得到 1,第二刀在 3/7 的位置切下去,得到 2,剩下的就是 4。因此,只需要切割两刀,就可以得到 7 个不同数值状态。

该问题中隐含的二进制编码问题是:1、2、4 分别对应 2^0、2^1,2^2。3 位的二进制编码最多可以表示 8 种状态,其中 000 对应状态 0,111 对应状态 7。

问题 3:小白鼠试药问题。有 64 瓶药,其中只有 1 瓶是毒药,喝了毒药的小白鼠 3 天后会死去,并且同时喝不同的药不会有其他反应,只有 3 天时间,一只小白鼠只能参与一次实验,请问最少需要多少只小白鼠才能试出哪瓶药有毒?

小白鼠试药问题中,每瓶药有两个状态,即有毒和无毒,64 瓶药相当于 64 个数字,那么最少使用多少位(数字)就能够表示 64 个不同的数字呢?答案如下:

$$2^6=64$$

我们发现,编码是一种非常有效的数据表示方式,而且表示准确,没有二义性,特别适合计算机处理。因此,实际中的很多问题都可以通过编码思维用计算机来解决。

4.3.2 问题分析

莫尔斯码是美国画家和电报发明人塞缪尔·莫尔斯(Samuel Morse)发明的一套使用"·"和"-"来表示 26 个英文字母和数字、符号的编码,如表 4-1 和表 4-2 所示。其中 26 个字母根据出现的统计频率进行变长编码计算而来,数字采用 5 位定长编码,符号采用 6 位定长编码。

表 4-1 莫尔斯码表——字母

字母	概率	电码	字母	概率	电码	字母	概率	电码	字母	概率	电码
A	8.19	.-	H	4.57	....	O	7.26	---	U	2.58	..-
B	1.47	-...	I	7.10	..	P	2.89	.--.	V	1.09	...-
C	3.83	-.-.	J	0.14	.---	Q	0.09	--.-	W	1.59	.--
D	3.91	-..	K	0.41	-.-	R	6.85	.-.	X	0.21	-..-
E	**12.25**	.	L	3.77	.-..	S	6.36	...	Y	1.58	-.--
F	2.26	..-.	M	3.34	--	**T**	**9.41**	-	Z	0.08	--..
G	1.71	--.	N	7.06	-.						

表 4-2　莫尔斯码表——数字和符号

字符	电码	字符	电码	字符	电码	字符	电码	字符	电码
1	.----	2	..---	3	...--	4	....-	5	.....
6	-....	7	--...	8	---..	9	----.	0	-----
?	..--..	/	-..-.	( )	-.--.-			-	-....-

根据统计，英文字母中使用频率最高的字母是 E、T、A、O、I，这些字母在英文文本中占比 45％左右；使用频率最低的字母是 K、J、X、Q、Z，只占英文文本的 1％。所以，字母按照统计词频进行编码，词频大，则编码短；词频小，则编码长，这样当使用莫尔斯码进行发报时，才能用最少的编码发送最多的信息。那么使用什么方式来设计莫尔斯码是最优的呢？

通过数据结构与算法课程我们知道哈夫曼编码可以解决该问题。哈夫曼编码诞生于 1952 年的压缩算法，所以，在哈夫曼编码出现的前 100 年，就已经有人在实践中发现了这个规律，只是后来才被戴维•哈夫曼（David Huffman）使用严谨的数学方法证明和实现。所以，早期的莫尔斯码是一种近似的、简化版的哈夫曼编码。

莫尔斯码一共有 40 个编码，其编码设计方式如下。

① {E,T} 共 2 个字母，出现概率最大，采用 1 bit 编码；

② {A,I,M,N} 共 4 个字母，出现概率较大，采用 2 bit 编码；

③ {D,G,K,O,R,S,U,W} 共 8 个字母，出现概率较小，采用 3 bit 编码；

④ {B,C,F,H,J,L,P,Q,V,X,Y,Z} 共 12 个字母，出现概率最小，采用 4 bit 编码；

⑤ {0～9} 共 10 个数字，采用 5 bit 编码；

⑥ {?,/,(),-} 采用 6 bit 编码。

实际中，由于"•"和"-"（我们分别称为"嘀"和"嗒"）所用发报时长不同，一般出现概率大的使用"•"编码，出现概率小的使用"-"编码，使得总发报长度最短。比如：SOS（国际莫尔斯码救难信号）的莫尔斯码为"...---..."，也就是"三短三长三短"。

我们使用真实的英文单词（大约 40 000 个）进行了实际的统计，并将词频和莫尔斯码进行对照，如表 4-1 所示，基本符合上述编码规律。

4.3.3　算法实践——编码思维

1）数学建模

莫尔斯码按照树状结构进行编码，如图 4-1 所示。莫尔斯码一般在字母之间使用空格，在单词之间使用"/"。

这里，我们以上述莫尔斯码编码树为已知条件，仅以字母为例进行莫尔斯码编解码演示。整个程序共分为 4 个部分，分别是：

① 创建莫尔斯码编码树；

② 创建莫尔斯码编码表；

③ 编码；

④ 解码。

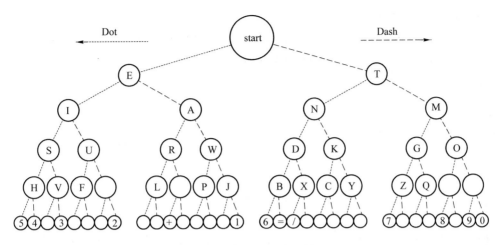

图 4-1　莫尔斯码编码树

2）代码实现

按照建模的要求,每一个部分的实现方法和思路如下。

（1）创建莫尔斯码编码树 GenMorseTree()

这里使用数据结构与算法中的二叉树的结构存储莫尔斯码编码树,按照从上到下从左到右的层序编码作为字母的输入顺序,即输入为:

char Alpha[128] = {0,'','E','T','I','A','N','M','S','U','R','W','D','K','G','O','H','V','F
','','L',' ','P','J', 'B', 'X','C','Y','Z','Q'};

二叉树的存储结构如下,根节点定义为全局变量 root:

```
struct BiNode
{
    char ch;
    BiNode * lch, * rch;
};
BiNode * root = NULL;
```

所以,创建莫尔斯码编码树的代码如下,使用递归方式创建二叉链表的二叉树:

```
void GenMorseTree(BiNode * &R,char ch[],int i,int n)
{
    if (i <= n)
    {
        R = new BiNode;
        R -> ch = ch[i];
        R -> lch = R -> rch = NULL;
        GenMorseTree(R -> lch,ch,2 * i,n);
        GenMorseTree(R -> rch,ch,2 * i + 1,n);
    }
}
```

（2）创建莫尔斯码编码表

莫尔斯码编码表的存储结构如下，它可以存储每一个字母和相应的编码，此外，还需要额外定义一个长度 Len，用于保存编码表的长度。

```
struct CodeTable
{
    char ch;
    string code;
};
CodeTable ct[40];
int Len = 0;
```

创建编码表的思路如下。按照层序遍历的思想遍历莫尔斯码编码树，然后采用左支编'.'，右支编'-'的方式，对二叉树进行层序遍历，每遍历到一个字母，就将其上一级的字母的全部编码和本级字母局部编码连接在一起即可，本级局部编码只有一位，左孩子编'.'，右孩子编'-'。连接在一起后，作为当前字母的编码存储在编码表中。

层序遍历需要用到队列的结构，所以这里定义一个队列结构如下：

```
struct Queue
{
    BiNode * R;
    string code;
};
```

创建编码表的代码实现如下：

```
void GenMorseCodeTable(BiNode * R,int &Len)
{
    Queue q[100];                //创建队列
    int f = -1, r = -1;
    if(R!=NULL)                  //处理根节点
    {
        q[++r].R = R; q[r].code = "";
    }
    while (f!=r)
    {
        BiNode * R = q[++f].R;
        string code = q[f].code;
        if (R->ch!='')           //是有效字母，添加进编码表
        {
            ct[Len].ch = R->ch;     ct[Len].code = code;     Len++;
        }
```

```
        if(R->lch!=NULL)            //左支编码
        {
            q[++r].R = R->lch;        q[r].code = code + ".";
        }
        if(R->rch!=NULL)            //左支编码
        {
            q[++r].R = R->rch;        q[r].code = code + "-";
        }
    }
}
```

（3）编码

编码就是将用户输入的字符串转换成莫尔斯码的过程。这个过程主要的思路就是获取用户输入的每一个字母,然后在编码表中查找即可。

```
void ztom(string s)
{
    for(int i = 0;i < s.size();i++)
    {
        for(int j = 0;j < Len;j++)
        {
            if(s[i] == ct[j].ch)     cout << ct[j].code;
        }
        if(s[i] == '')cout <<"|";
        if(s[i]!=''&&s[i+1]!=''&&i!=s.size()-1)     cout <<" ";
    }
}
```

（4）解码

解码就是编码的逆过程,即将莫尔斯码转字符的过程。找到每一个莫尔斯码,然后在编码表中逆查找即可。

```
void mtoz(string s)
{
    for(int i = 0;i < s.size();i++)
    {
        char str[6];
        int j = 0;
        while(s[i]!='\n' && s[i]!='' &&s[i]!='\0'&&s[i]!='|'){
            str[j++] = s[i++];
```

```
        }
        str[j] = '\0';
        for(int k = 0;k < Len;k + + ){
            if(ct[k].code  ==  str)        cout << ct[k].ch;
        }
        if(s[i] = = '|')      cout <<" ";
        j = 0;
        memset(str,0,sizeof(str));
    }
}
```

我们还需要一些辅助函数，比如打印编码表，来展示我们编码的成果。

```
void PrintCodeTable(CodeTable ct[],int Len)
{
    for (int i = 0;i < Len;i + + )
    {
        cout << ct[i].ch <<'\t'<< ct[i].code << endl;
    }
}
```

最后，编写一个测试函数来进行测试：

```
# include < iostream >
# include < cstring >
using namespace std;
int main()
{
    GenMorseTree(root,Alpha,1,30);      //创建莫尔斯码编码树
    GenMorseCodeTable(root,Len);        //创建莫尔斯编码表
    PrintCodeTable(ct,Len);             //打印编码表

    char ch[128];
    string s;
    cout <<"请输入要编码的字符串,以＃结束?"<< endl;
    cin.getline(ch,128,'＃');
    s  = ch;
    ztom(s);                            //编码

    cout <<"\n 请输入要解码的莫尔斯码串,以＃结束?"<< endl;
```

```
        cin.getline(ch,128,'#');
        s = ch;
        mtoz(s);                    //解码
}
```

运行结果如下:

```
E           .
T           -
I           ..
A           .-
N           -.
M           --
S           ...
U           ..-
R           .-.
W           .--
D           -..
K           -.-
G           --.
O           ---
H           ....
V           ...-
F           ..-.
L           .-..
P           .--.
J           .---
B           -...
X           -..-
C           -.-.
Y           -.--
Z           --..
Q           --.-
```

请输入要编码的字符串,以#结束?

SOS#

... --- ...

请输入要解码的莫尔斯码串,以#结束?

... --- ...#

SOS

4.4　微信红包算法

4.4.1　问题分析

问题:逢年过节亲戚朋友之间发红包、抢红包,已经成为我们生活中必不可少的一项活动,尤其是利用微信工具发红包,那么微信红包是如何计算出来的呢? 如何抢红包才能获得最大的收益呢?

这里就涉及微信红包算法,算法需要既保证每次抢红包的公平性,又要有足够的随机性。此外,还要足够快速。因此,微信红包的金额是拆的时候实时算出来的,不是预先分配的,采用的是纯内存计算,不需要预算空间存储。

那么,如果给定总金额 TotalMoney 和红包数量 RedPackage,如何计算每次红包的金额呢? 我们根据红包的功能提取出的特征,得到其最重要的计算方法如下:基于截尾正态分布,数额随机,额度在 0.01 和剩余平均值乘以 2 之间。

这就是我们的微信红包算法的依据。

4.4.2　算法实践

(1) 数学建模

根据问题分析中的红包特征(基于截尾正态分布,数额随机,额度在 0.01 和剩余平均值乘以 2 之间),我们不妨简单计算一个例子。

例如:将 100 元钱放在 10 个红包里,那么平均一个红包 10 块钱,因此第一个发出来的红包的额度在 0.01 元～20 元之间波动。若前面 3 个红包总共被领了 40 块钱,剩下 60 块钱,那么剩下 7 个红包的额度在 0.01 元～17.14 元(60/7·2)之间波动。依此类推,得到每一个红包的金额。

注意:每次有用户领取红包后,剩余的红包金额会再次执行上述算法。如果按照这种方法一直算下去,最后的金额会超过最开始的全部金额。因此,在发放最后一个红包时,如果余额不足则采用强制算法,保证剩余的用户能够拿到最低 0.01 元。

如果前面的用户手气不好,后面的用户将会得到更多的余额,因此每个用户获得大小红包的实际概率是相等的。

(2) 编程方法

根据上述算法,C++代码实现如下:

```
double SendRedPackage(double& fTotalMoney,int& iRedPackage)
{
    float fCurrentMoney;              //当前发的红包

    if（iRedPackage == 1)             //剩最后一个红包
```

```
    {
        iRedPackage -- ;
        return fTotalMoney;
    }


    //计算当前红包值
    fCurrentMoney = rand() % 100/100.0 * fTotalMoney/iRedPackage * 2;
    if (fCurrentMoney < 0.01)
        fCurrentMoney = 0.01;


    fTotalMoney - = fCurrentMoney;                      //计算当前剩余钱数
    iRedPackage -- ;                                    //当前红包数 - 1


    return fCurrentMoney;
}
```

测试函数如下:

```
# include < iostream >
# include < cstdlib >
# include < ctime >
# include < iomanip >
using namespace std;


void main()
{
    double    fTotalMoney;                          //总钱数(当前剩余钱数)
    int       iRedPackage;                          //红包数(当前剩余红
                                                    //  包数)

    srand(time(NULL));                              //随机数初始化
    //输入输出
    cout << "请输入总的钱数和红包数,以空格分隔" << endl;//屏幕输出
    cin >> fTotalMoney >> iRedPackage;              //键盘输入
    while(iRedPackage > 0)
    {
        double Redpacket = SendRedPackage(fTotalMoney, iRedPackage);
        cout << setiosflags(ios::fixed);
        cout << setprecision(2) << Redpacket << endl;
    }
```

```
    cout <<"红包发完了"<< endl;
}
```

使用该算法进行 2 000 次循环和统计，每次红包总金额为 100 元，红包分配人数为 10 人。通过绘制以下图形来评估算法质量。图 4-2 所示为抢红包的顺序与抽中红包总金额的关系。

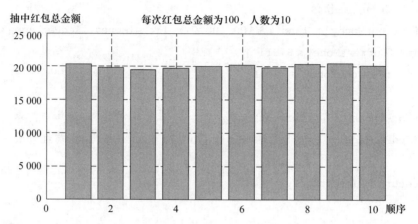

图 4-2　2 000 次抢红包的顺序与红包总金额

从图 4-2 中可以看出，在大量重复实验中抽中的红包总金额与抢红包的顺序基本无关。所以在抢红包的时候，早抢到者与晚抢到者在平均值与总值方面是没有差别的。在本例中所有人得到的总金额都在 $100/10 \cdot 2\,000 = 20\,000$ 元左右。

图 4-3 所示是每个红包的金额分布。从图中可以看出大部分的红包金额平均分布在 $0 \sim 20$ 之间，少数超过 20，极少数超过 30。若是正态分布，则红包的金额应该在 10 附近，然后向两边递减，所以该算法在符合正态分布方面做得不够好。

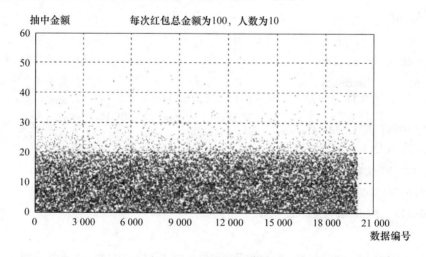

图 4-3　每个红包的金额分布

尤其是最后一个红包，前面的人抢到红包的大小会影响到后面的人抢到红包的大小。比如前面几个人都只抽到了 0.01 元，那么对于后面几个人来说，他们都将抽到大红包，尤其是最后一个人。所以前面的人红包金额的概率服从均匀分布,而后面的人红包金额则是随机的,方差较大。

4.5　智力拼图问题

4.5.1　问题分析

问题:编写一个程序,帮助机器人完成智力拼图。

实际生活中的智力拼图形状如图 4-4(a)所示,是一种不规则带卡扣的形状。我们首先将其抽象成一个矩形,每一片拼图有 4 条边,每一片拼图的每条边与另外一片拼图的一条边图像刚好匹配,如图 4-4 所示。当智力拼图呈现在机器人面前时,所有的碎片散乱地放在桌面上,正面朝上,机器人通过相机拍摄这些拼图碎片。假设已有图像处理软件从相机拍摄的图片中识别出智力拼图的每一片,并找出了任意两片拼图中图像匹配的边。因此,本题的任务是实现下一步编程,即每一片拼图应该放在栅格里的哪个位置,以及如何旋转。

（a）拼图形状

（b）抽象编号

图 4-4　传统拼图编号规则

图 4-4　彩图

对机器人拍到的桌面上的每一片拼图,图像处理软件任意分配一个唯一的编号($0 \sim N-1$),并从任意一边开始,按逆时针方向为每片拼图标上整数 0、1、2、3,如图 4-4(b)所示。
输入格式如下。

第 1 行两个整数,分别为 N 和 K,其中 N 为拼图的总片数,K 为下面匹配的输入信息行数。

第 $2 \sim K+1$ 行每行 4 个整数 $\{a, b, c, d\}$,是由机器人图像处理得到的在所有片拼图之中找到的相似边,以任意顺序排列。比如 $\{17, 2, 23, 1\}$ 表示第 17 片拼图的 2 号边和第 23 片拼图的 1 号边匹配。因此在拼图中,第 17 片和第 23 片相邻,如图 4-5 所示。假设输入数据包含足够的信息来完成整个智力拼图,需要注意的是它可能不包含所有匹配的边,但剩下的边可以从之前的匹配中推断出来。

第 $K+2$ 行,输入一个整数 0,表示结束。

图 4-5　输入 $\{17, 2, 23, 1\}$ 4 种拼接

输入样例如下。

```
12    13

0    0    5    0

0    2    6    2

1    2    11   0

1    3    9    2

2    0    5    1

2    1    4    2

3    0    10   3

3    3    8    0

4    0    7    1

4    1    11   1

6    1    7    0

8    2    9    3

10   0    11   2

0
```

输出格式如下。

按照每片拼图的编号顺序，每行 4 个整数 {i，j，id，side}，分别表示放置的位置、片号和边号，比如：{6，9，17，2} 表示第 17 片拼图放在栅格的第 6 行第 9 列，2 号边放在底部。（按惯例，行从顶部到底部编号，列从左到右编号，编号从 0 开始。）

注意：每一个解旋转 90 度，就能得到另外一个解，为了使输出唯一，就得旋转，使得任何情况下智力拼图左上角的位置是 [0，0]，行与列的输出顺序按字典序，如图 4-6 所示。

输出样例如下。

```
0    0    3    3

0    1    10   0

0    2    7    1

0    3    6    2

1    0    8    2

1    1    11   0

1    2    4    2

1    3    0    0

2    0    9    1

2    1    1    0

2    2    2    3

2    3    5    2
```

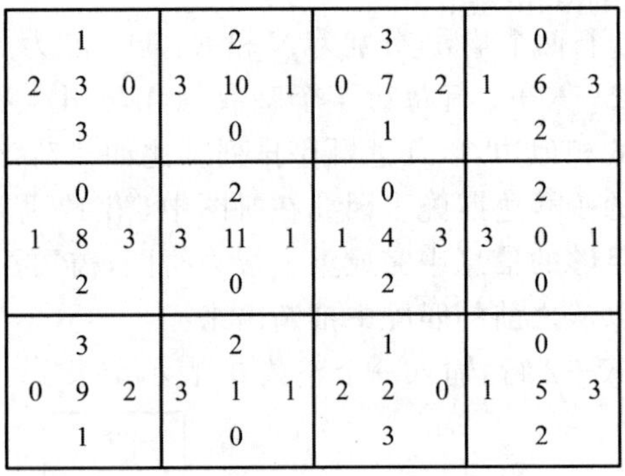

1	2	3	0
2 3 0 3	3 10 1 0	0 7 2 1	1 6 3 2
0	2	0	2
1 8 3 2	3 11 1 0	1 4 3 2	3 0 1 0
3	2	1	0
0 9 2 1	3 1 1 0	2 2 0 3	1 5 3 2

图 4-6   输出样例

4.5.2　算法设计——BFS 算法

以样例为例进行分析,该智力拼图一共 12 片,给出了 13 对匹配边的信息,如表 4-3 所示。

表 4-3　13 对匹配边的信息

输入数据	含义
0 0 5 0	第 0 片的第 0 边与第 5 片的第 0 边相邻
0 2 6 2	第 0 片的第 2 边与第 6 片的第 2 边相邻
1 2 11 0	第 1 片的第 2 边和第 11 片的第 0 边相邻
1 3 9 2	第 1 片的第 3 边和第 9 片的第 2 边相邻
⋮	⋮

(1) 设计数据结构

根据输入数据格式和输出数据格式,设计数据结构如下。

假设拼图的片数已知,不超过 500 片,则可以使用 piece 数组来保存每一片的信息。

```
struct PIECE{
    int id;          //相邻片的编号
    int side;        //相邻边的编号
} piece[500][4];
```

使用数组 pos 保存智力拼图的位置信息:

```
struct POSITION{
    int x, y;
    int id;
    int side;
}pos[500];
```

(2) 算法设计

对于这种需要从多种选择中计算最优解的问题,首先应该想到广度优先遍历(BFS)算法。但这个题目转化成 BFS 问题是有一些技巧的,我们面临如下问题。

① 一般的 BFS 算法是从一个起点 start 开始,向终点 target 进行寻路,但是拼图问题不是在寻路,而是在不断交换数字,这应该怎么转化成 BFS 算法问题呢?

② 即便这个问题能够转化成 BFS 问题,那么如何处理起点 start 和终点 target? 它们都是数组,难道把数组放进队列,按照 BFS 框架计算? 这种方法比较麻烦且低效。

那么,该题如何求解呢? 首先明确一个基本概念,**BFS 算法**并不只是一个寻路算法,它也是一种**暴力搜索算法**,只要涉及暴力穷举的问题,BFS 就可以用,而且可以最快地找到答案。(不妨想想计算机是怎么解决问题的:实际中没有那么多算法技巧,本质上就是把所有可行解暴力穷举出来,然后从中找到一个最优解而已。)

因此，我们需要首先实现 BFS 搜索的三个要素：搜索队列、已用过的片、实现坐标增量。

搜索队列：int queue[501]。

已用过的片：int used[500]。

坐标 x,y 的增量：int dx[4] = {1,0,-1,0}；
int dy[4] = { 0,1,0,-1}。

以当前节点 first 作为 start 起始位置：

a = queue[first]；

int x0 = pos[a].x；

int y0 = pos[a].y；

d = pos[a].side；

搜索该片的 4 个相邻边，确定匹配边的坐标位置，标记该片(id)已经用过，并使 id 进入队列。

最后按坐标排序，使用 STL 的库函数 qsort()排序即可。本题目按坐标 x 升序，x 相同时，按坐标 y 升序。这里给出 qsort()排序函数原型：

int compare(const void * a, const void * b)

4.5.3 算法实现

第一，给出智力拼图的辅助排序算法：

```
int compare(const void * a, const void * b){
    int c ;
    if ( ( c = ( (struct POSITION * )a) -> x - ( (struct POSITION * )b) -> x) )! = 0)
        return c;
    return ( ( (struct POSITION * )a) -> y - ( (struct POSITION * )b) -> y) );
}
```

第二，根据建模分析，给出主函数的 C++代码实现：

```
#include <iostream>
#include <memory.h>
int main(){
    int n , k,i, cases = 1;
    cin >> n >> k
    memset(piece, 255, sizeof(piece) );
    memset(used, 0, sizeof(used) );
    int a, b, c, d;           //读取匹配边
    for ( i = 0; i<k; i++){
        cin >> a >> b >> c >> d;
            piece[a][b].id = c;
```

```
        piece[a][b].side = d;
        piece[c][d].id = a;
        piece[c][d].side = b;
    }
    for (i = 0; i < n ; i++)                        //位置信息初始化
        pos[i].id = i;
    pos[0].x = 0;
    pos[0].y = 0;
    pos[0].side = 0;
    //BFS 广度优先遍历算法
    int first = 0, count = 0;
    queue[0] = 0;
    used[0] = 1;
    while (first <= count){
        a = queue[first];
        int x0 = pos[a].x;
        int y0 = pos[a].y;
        d = pos[a].side;
        int adj_id;  //相邻片的编号
        for ( i = 0; i < 4; i++)
            if ( (adj_id = piece[a][i].id) > 0) //该边没有搜索过
                if (used[adj_id] == 0){          //该片没有搜索过
                    b = piece[a][i].side;
                    used[adj_id] = 1;
                    pos[adj_id].x = x0 + dx[(i-d+4) % 4];
                    pos[adj_id].y = y0 + dy[(i-d+4) % 4];
                    pos[adj_id].side = (b-i+d-2+8) % 4;
                    queue[++count] = adj_id;
                }
        first++;
    }
}
qsort(pos, n, sizeof(POSITION), &compare);       //按坐标排序
a = pos[0].x;
b = pos[0].y;
cout << "instance 1" << endl;
for (i = 0; i < n; i++)
    cout << pos[i].x - a << "\t" << pos[i].y - b << "\t" << pos[i].id << "\t" <<
```

pos[i].side << endl;

   return 0;

  }

4.6 基因序列相似度问题

4.6.1 问题分析

问题：人类的基因可以认为是一个序列，包含 4 种核苷酸，分别用 A、C、T 和 G 这 4 个字母简单表示。生物学家对鉴别人类基因并确定其功能很感兴趣，因为这对诊断人类疾病和开发新药有重大意义，这时**序列相似性的重要性**就体现出来了，因为相似的序列往往起源于一个共同的祖先序列，它们很可能有相似的空间结构和生物学功能，因此对于一种已知序列但未知结构和功能的蛋白质，如果与它序列相似的某些蛋白质的结构和功能已知，则可以推测这个未知结构和功能的蛋白质的结构和功能。

  目前有 3 种常见的 DNA 序列的替换记分矩阵。

  ① **等价矩阵**：最简单的替换记分矩阵，其中，相同核苷酸之间的匹配得分为 1，不同核苷酸之间的替换得分为 0。实际序列中用得少。

  ② **转换-颠换矩阵**：核酸的碱基按照环结构特征被划分为两类，一类是嘌呤（腺嘌呤 A、鸟嘌呤 G），它们有两个环；另一类是嘧啶（胞嘧啶 C、胸腺嘧啶 T），它们只有一个环。如果 DNA 碱基的替换保持环数不变，则称为转换，如果环数发生变换，则称为颠换。在进化过程中，转换发生的频率比颠换高很多，为了反映这一情况，通常该矩阵中转换的得分为 -1，而颠换的得分为 -5。

  ③ **BLAST 矩阵**：经过大量实际比对发现，按照图 4-7 所示矩阵测量基因对的相似度，比对效果较好。BLAST 矩阵广泛地被 DNA 序列比较所采用。

	A	C	G	T	-
A	5	-1	-2	-1	-3
C	-1	5	-3	-2	-4
G	-2	-3	5	-2	-2
T	-1	-2	-2	5	-1
-	-3	-4	-2	-1	*

图 4-7　BLAST 矩阵

因此,本题的任务就是编写一个程序,基于 BLAST 矩阵,按以下规则比较两个基因并确定它们的相似程度,该程序将作为基因数据库的检索功能之一。

给出两个基因 AGTGATG 和 GTTAG,要确定它们的相似度,就涉及测量两个基因相似度的方法,我们称为对齐。使用对齐方法,可以在基因的适当位置插进空格,让两个基因的长度相等,然后根据基因分值矩阵计算分数。

例如:AGTGATG 插入一个空格,就得到 AGTGAT-G;GTTAG 插入三个空格,就得到-GT--TAG。这样两个基因长度就一致了,把这两个字符串对齐:

$$A\ GT\ G\ A\ T\ \text{-}\ G$$
$$\text{-}\ \ GT\ \ \text{-}\ \text{-}\ TA\ G$$

对齐以后,有 4 个基因是相匹配的:分别是第 2、3、6、8 位的 G、T、T、G 字符,根据 BLAST 矩阵,每对匹配的字符都有相应的分值。注意:空格对空格是不允许的。

上面对齐的字符串分值是:$-3+5+5-2-3+5-3+5=9$。

当然还有其他对齐方法,比如下面这种方法,不同数量的空格插入不同的位置:

$$A\ GTGAT\ G$$
$$\text{-}\ \ GTTA\ \text{-}\ G$$

这种对齐方法的分值是:$-3+5+5-2+5-1+5 = 14$。该方法比前一个方法要好,事实上这个对齐方法是最优的,由该方法得到的两个基因的相似度是 14。

这里我们规定输入格式:输入 T 组测试样例,在第一行给出测试样例个数,每对测试样例两行,每行包括一个整数(表示基因序列长度)和一个基因序列。每个基因序列长度在 1~100 之间。输出结果为每个测试样例对的相似度分值,每行一个结果,具体如下。

样例输入:

2

7　AGTGATG

5　GTTAG

7　AGCTATT

9　AGCTTTAAA

样例输出:

14

21

4.6.2　算法设计——动态规划

基因序列相似度问题一般分为两步解决,第一步是设计数据结构,即设计存储数据和算法所需的数据结构;第二步是设计算法,本题采用的算法是典型的动态规划算法。

1）设计数据结构

基因分值矩阵表示：

$$\text{int score[5][5]}$$

原矩阵的下标是'A'、'C'、'T'、'G'和'-'，我们可以采用 switch 语句转换，也可以采用 map[]数组转换。这里我们采用 map[]方式。

$$\text{char map[128]}$$

我们使用其中 5 个单元：map['A'] = 0；map['C'] = 1；map['G'] = 2；map['T'] = 3；map['-'] = 4。

基因字符串：

$$\text{char str1[128], str2[128]}$$

2）设计动态规划算法

本题的思路类似于最长公共子序列（LCS）问题，这里不再赘述，只给出具体算法。

使用 gene[][]数组表示动态规划过程中产生的中间结果：

$$\text{int gene[128][128]}$$

其中，gene[i][j]表示基因字串 str1[0...i−1]和 str2[0...i−1]的分值，根据题意有如下关系：

① str1 取第 i−1 个字母，str2 取'-'，则 m1 = gene[i−1][j] + score[map[str1[i−1]]][4]；

② str1 取'-'，str2 取第 j−1 个字母，则 m2 = gene[i][j−1] + score[4][map[str2[j−1]]]；

③ str1 取第 i−1 个字母，str2 取第 j−1 个字母，则 m3 = gene[i−1][j−1] + score[map[str1[i−1]]][map[str2[j−1]]]。

所以，gene[i][j] = max(m1, m2, m3)；最后结果保存在 gene[M][N]中，其中 M 为第一个基因串的长度，N 为第 2 个基因串的长度。

这里面涉及边界条件，就是 $i=0$ 或 $j=0$ 的情况，具体分 3 种情况考虑。

① 当 $i=0$ && $j=0$ 时，表示没有任何基因字母，也就没有分值，所以 gene[0][0]=0。

② 当 $i=0$ 时，即 gene[0][1..N]，可以进行如下计算：

```
for (i = 1; i<=N; i++)
    gene[0][i] = gene[0][i−1] + score[4][map[str2[i−1]]]
```

③ 当 $j=0$ 时，即 gene[1..M][0]，可以进行如下计算：

```
for (i = 1; i<=M; i++)
    gene[i][0] = gene[i−1][0] + score[map[str1[i−1]]][4]
```

其中'-'在数组下标中为 4；字符串 str1 和 str2 中的字母通过 map[]数组进行转换。按照样例 1 的算法，最后生成的 gene[][]数组的值如图 4-8 所示。

		0	1	2	3	4	5
		基因str2	G	T	T	A	G
0	基因str1	0	−2	−3	−4	−7	−9
1	A	−3	−2	−3	−4	1	−1
2	G	−5	2	1	0	−1	6
3	T	−6	1	7	6	3	5
4	G	−8	−1	5	5	4	8
5	A	−11	−4	2	4	10	8
6	T	−12	−5	1	7	9	8
7	G	−14	−7	−1	5	7	14

图 4-8 gene[][]数组的值

4.6.3 算法实现

根据基因序列相似度的建模分析,首先创建分值矩阵 score[][]、动态规划矩阵 gene[][]、保存基因序列字符串和 map[]数组。

```cpp
#include <iostream>
using namespace std;
//BLAST 矩阵
int score[5][5] = { {5, −1, −2, −1, −3},
                    {−1, 5, −3, −2, −4},
                    {−2, −3, 5, −2, −2},
                    {−1, −2, −2, 5, −1},
                    {−3, −4, −2, −1, 0}};
char map[128];
char str1[128], str2[128];
int gene[128][128];
```

求解最大值的辅助函数:

```cpp
int max(int a, int b, int c) {
    int max = a;
    if (b > max)  max = b;
    if (c > max)  max = c;
    return max;
}
```

根据动态规划算法,C++代码实现如下:

```cpp
int main()
{
    map['A'] = 0; map['C'] = 1; map['G'] = 2; map['T'] = 3; map['-'] = 4;
    int iCase, i, j, k, M, N;
    cin >> iCase;
    for (k = 0; k < iCase; k++){
        cin >> M >> str1;
        cin >> N >> str2;
        gene[0][0] = 0;                    //计算基因序列边界条件
        for ( i = 1; i <= N; i++ )
            gene[0][i] = gene[0][i-1] + score[4][map[str2[i-1]]];
        for ( i = 1; i <= M; i++ )
            gene[i][0] = gene[i-1][0] + score [map[str1[i-1]]][4];
            //求解最优值
        int m1 ,m2, m3;
        for (i = 1; i <= M; i++)
            for (j = 1; j <= N; j++){
                m1 = gene[i-1][j] + score[map[str1[i-1]]][4];
                m2 = gene[i][j-1] + score[4][map[str2[j-1]]];
                m3 = gene[i-1][j-1] + score[map[str1[i-1]]][map[str2[j
-1]]];

                gene[i][j] = max(m1, m2, m3);
            }
        for (i = 0; i <= M; i++)    //打印基因相似度矩阵
        {   for (j = 0; j <= N; j++)
                cout << gene[i][j]<<'\t';
            cout << endl;
        }
        cout << gene[M][N] << endl;
    }
    return 0;
}
```

运行结果如下。

输入：

2

5 ACGTA

4 AAGT

输出：

```
   0   -3   -6   -8   -9
  -3    5    2    0   -1
  -7    1    4    2    1
  -9   -1    2    9    8
 -10   -2    1    8   14
 -13   -5    3    5   11
```

相似度为 11

4.7　地铁线路查询问题

4.7.1　问题分析

问题：地铁是城市出行最为便捷的交通工具之一，对于乘客来说，如何利用较为省时的换乘线路到达目的地是一个比较实际的问题。本节以北京地铁为例（如图 4-9 所示），将其作为该问题的数据对象进行研究。显然，这个问题的本质是图的最短路径问题。为方便地选择起点与终点之间的换乘站点，以及总的路径，需要考虑站与站之间的运行时间，在各个站点的停留等待时间，以及总的乘车时间。实际上由各站点开往其他站点时的停留等待时间可直接计入站与站之间的运行时间，因此可直接使用最短路径算法实现。

4.7.2　数据整理

根据地铁线路查询问题的需求，首先需要收集、整理和设计数据格式，包括线路、站点、是否为换乘站、相邻站之间的运行时间和换乘时间等。

1）地铁线路编码

以北京地铁线路为例，从 1 开始编码，地铁线路分为以下 4 种情况：

① 在建以及还未使用的线路，其编码暂时空闲不用，比如截至 2019 年 9 月 30 日，北京地铁线路中 3 号线、11 号线等尚未开通，则 3 和 11 暂时空闲不用；

② 以数字命名的地铁线路直接编码为该数字，如 13 号线编码为 13；

③ 不以数字命名的地铁线路（如 S1 线），则按顺序向后依次编号；

④ 以数字命名的分段线路（如 8 号线南段和 8 号线北段），也按顺序依次向后编码。

地铁线路编码表如表 4-4 所示。

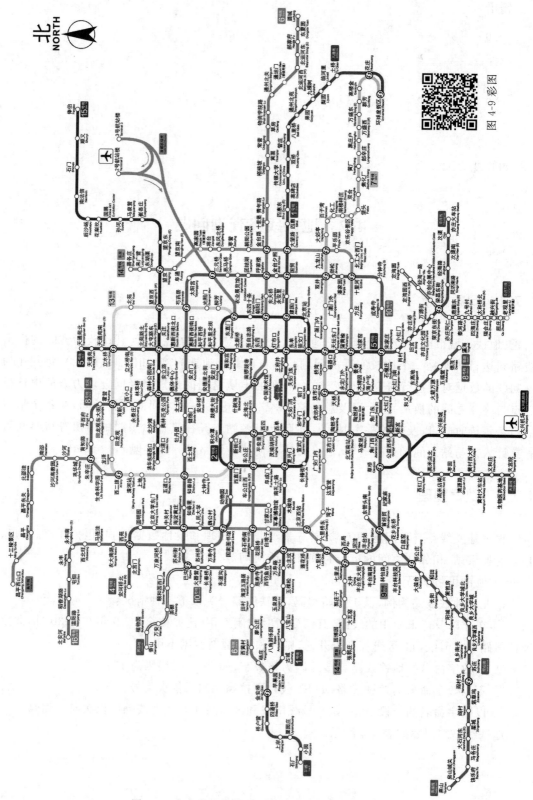

图 4-9　北京市地铁线路图（截至 2021 年 8 月 29 日）

表 4-4　地铁线路编码表

线路名称	编码	线路名称	编码
1 号线	1	13 号线	13
2 号线	2	14 号线东段(含中段)	14
NULL	3	14 号线(西段)	25
4 号线	4	15 号线	15
5 号线	5	16 号线	16
6 号线	6	昌平线	17
7 号线	7	大兴机场线	18
8 号线(北段)	8	房山线	19
8 号线(南段)	24	首都机场线	20
9 号线	9	燕房线	21
10 号线	10	亦庄线	22
NULL	11	S1 线	23
NULL	12	−1	−1

2) 地铁站编码

地铁站分为换乘站和非换乘站,编码方式如下。

① 换乘站编码方式:将 61 个换乘站依次编码为 0~63 内的数字。

② 非换乘站编码方式:将上一步中编码为 i 的地铁线路上的非换乘车站以 $i \cdot 64 + j$(j 从 0 开始依次取值)的方式编码。比如:1 号线"古城站"编码为 $1 \cdot 64 + 0 = 64$,2 号线"积水潭站"的编码为 $2 \cdot 64 + 1 = 129$。

所有换乘站编码如表 4-5 所示。

表 4-5　所有换乘站编码

站点名称	编码	站点名称	编码	站点名称	编码
奥林匹克公园	0	国家图书馆	21	芍药居	42
白石桥南	1	国贸	22	十里河	43
北京南站	2	海淀黄庄	23	首经贸	44
北京西站	3	呼家楼	24	双井	45
北土城	4	花庄	25	宋家庄	46
菜市口	5	环球度假区	26	望京	47
草桥	6	惠新西街南口	27	望京西	48
朝阳门	7	霍营	28	西单	49
车公庄	8	建国门	29	西二旗	50
崇文门	9	角门西	30	西局	51
慈寿寺	10	金安桥	31	西苑	52
磁器口	11	金台路	32	西直门	53
大屯路东	12	九龙山	33	宣武门	54

站点名称	编码	站点名称	编码	站点名称	编码
大望路	13	军事博物馆	34	阎村东	55
东单	14	立水桥	35	雍和宫	56
东四	15	六里桥	36	永定门外	57
东直门	16	南锣鼓巷	37	知春路	58
复兴门	17	平安里	38	朱辛庄	59
公主坟	18	蒲黄榆	39	珠市口	60
鼓楼大街	19	七里庄	40		
郭公庄	20	三元桥	41		

3）站间距离表

显然，在不同时刻，站与站之间的运行时间基本是静态不变的，所以可以使用站与站之间的运行时间来代替节点之间的距离。记录相邻两站的站编码以及两站之间的距离（以从一站到达另一站所需要的时间度量），如表 4-6 所示。

表 4-6 相邻两站的站编码以及两站之间的距离

站点编码一	站点编码二	两站之间的距离	站点编码一	站点编码二	两站之间的距离
0	523	3	2	277	3
0	977	3	3	34	3
1	21	2	3	449	2
1	393	2	4	525	3
2	57	3		⋮	

4）相邻换乘站及二者共同所在的地铁线路

记录相邻两站均为换乘站时两站的站编号，以及两个换乘站所在的地铁线路的交集。例如东单和崇文门为相邻的两站，东单在 1 号线和 5 号线上，崇文门在 2 号线和 5 号线上，两者共同在 5 号线上。程序通过如下方法判断路径在换乘站是否进行换乘：路径上有连续的三个站 A、B、C，如果 A 与 B 所在的线路和 B 与 C 所在的线路不同，则判断乘客需要在 B 站进行换乘，否则不进行换乘。对于两个相邻地铁站，如果其中一个为非换乘站，很容易可以判断两站共同所在的线路为非换乘站所在的线路；但是当两站均为换乘站时，需要借助提前整理好的表格进行辅助判断。

4.7.3　数据结构设计

数据整理完毕，下面我们将数据存储在内存中，也就是数据结构中的存储设计。首先我们需要将整个北京地铁线路转换成带权的图，图中包含节点和边，节点就是站点，边就是站点之间的距离。我们以邻接矩阵为图的存储结构进行编程实现。

我们分别使用C++的标准模板库 STL(Standard Template Lib)来存储读取的地铁线路的数据。

1) 边结构体

结构体有 3 个整型变量,用来记录地铁线路相邻两站的编码(source 和 dest)以及两站之间的时间间隔(delay)。具体 C++实现代码如下:

```cpp
struct edge {
    int source;                              //起点
    int dest;                                //终点
    int delay;                               //两点间行程时间
    edge(int s, int d, int delay) : source(s), dest(d), delay(delay) {};
};
```

2) 北京地铁类

① vector<string> line 和 vector<string> station:分别记录编码为数组下标的线路名称和地铁站名称。

② vector<vector<pair<int,int>>> adjMat:用二维数组的形式记录北京地铁线路全图的邻接矩阵。第一层数组的下标为相邻两站中出发站的编码,它对应一个 pair<int,int>类型的数组,该数组记录了出发站可直达的所有站的编码和两站间时间间隔。

③ vector<int> isVisit:记录在某次行程中是否已经经过以数组下标为编码的地铁站。其数值含义为到达这一站所需要的时间,没到达的即为 -1。

④ vector<int> Route:记录规划路线的反向路由,即记录规划路线中某一站的前一站编码信息。

⑤ vector<int> line2st:记录以数组下标为编码的地铁站所在的地铁线路编码。注意:若该站为换乘站,则记录该站与前一站同在的地铁线路编码。

⑥ vector<edge> whichLine:记录当相邻两站均为换乘车站时,两站编码信息及两站共同所在线路的编码信息。

⑦ begin 和 end:分别为待规划路程的行程起点和终点的地铁站编号。

地铁类的数据结构实现属于类声明,在文件 pk Metro.h 中,该文件首先将存储结构所需要的 STL 头文件引入,才能使用 STL 类。具体的 C++实现代码如下:

```cpp
#include<iostream>
#include<vector>
#include<string>
#include<fstream>
#include<algorithm>
using namespace std;
class pkMetro {
public:
    pkMetro();
    ~pkMetro() { }
    string FineRoute (string strSource, string strDest); //打印最佳路线
private:
```

```
    vector < string > line;              //线路名称
    vector < string > station;           //站点名称
    vector < vector < pair < int, int >>> adjMat;   //邻接矩阵
    vector < int > isVisit;              //记录某一站是否被经过
    vector < int > Route;                //一跳
    vector < int > line2st;              //路径上某一站对应的线路名
    vector < edge > whichLine;           //记录相邻两个换乘站共同所在的地铁线路
    int begin;
    int end;

    void Dijkstra();                     //优化的最短路径算法
    int station2num(string sta);         //站点转化为站点编码
    int Line(int source, int dest);      //输出相邻两站点的运行时间
    int transDelay(int source, int dest);  //换乘所需要的时间
};
```

3）辅助函数

为了将用户输入的地铁站名和线路编码、站点编码相对应，从而更好地调用最短路径算法，需要完成以下辅助函数，包括运算符重载和编码转换函数。

```
struct cmp {
    bool operator()(edge ed1, edge ed2) {  //运算符()重载
        return ed1.delay > ed2.delay;
    }
};
```

依据表 4-5 可以实现 int station2num(string sta)，完成站点名称转化为站点编码的实现。

```
int pkMetro::station2num(string sta) {  //站点编码转换
    for (int i = 0; i < station.size(); i++)
        if (station[i] == sta)  return i;
    return -1;
}
```

根据表 4-5 站点编码和表 4-6 相邻站点之间的运行时间，实现 int Line(int source, int dest);函数，返回任意相邻两站的运行时间。

```
int pkMetro::Line(int source, int dest) {  //返回线路号
    if (source >= 64 || dest >= 64) {
        return max(source >> 6, dest >> 6);
    }
    if (source > dest)
```

```
        swap(source, dest);
    for (int i = 0; i < whichLine.size(); i++) {
        if (source == whichLine[i]. source && dest == whichLine[i].dest)
                return whichLine[i].delay;
    }
    return 0;
}
```

4.7.4 优化的 Dijkstra 算法实现

1. 算法建模

地铁线路查询问题采用基于优先队列优化的改进 Dijkstra 算法来实现。Dijkstra 是一种求解"非负权图"上单源最短路径的算法。将节点分成两个集合:已确定最短路径长度的点集记为集合 S,未确定最短路径长度的点集记为集合 T。开始时所有的点都属于集合 T。

初始化起点到起点自身的距离为 0,并将起点放入集合 S 中,然后重复以下操作。

① 令所有顶点分别在集合 T 和集合 S 中的边为集合 M,选取 M 中路径最短的边,并将边在集合 T 中的顶点移到集合 S 中。

② 将上一步被加入集合 S 的节点的所有未访问过的出边加入集合 M,直到集合 T 为空,算法结束。

这就是标准 Dijkstra 算法。在本书中,我们改进了该算法:在操作②中,若所得最短路径的顶点刚好就是终点,则迭代结束。

2. 优先队列优化

优先队列即小根堆的树状数组的形式。堆是一棵树,其每个节点都有一个键值,且每个节点的键值都大于等于/小于等于其父亲的键值。

每个节点的键值都大于等于其父亲键值的堆叫作小根堆,否则叫作大根堆。STL 中的 priority_queue 其实就是一个大根堆,可以通过重载大于号的方式将其变为小根堆。堆主要支持的操作有:插入一个数、查询最小值、删除最小值。

采用 STL 的 priority_queue 类对操作①的查找最短路径过程进行优化,每次将所有与已知节点相连的相邻节点插入优先队列,以到达当前节点的权值作为比较,其堆顶即为最短路径长度最小的节点。

所以,这里需要引入头文件:♯include < queue >。

3. 时间复杂度分析

有多种方法来维护 Dijkstra 操作①中最短路径长度最小的节点,不同的实现导致了 Dijkstra 算法时间复杂度上的差异。设变量 m 和 n 分别是图的边数和顶点数,在稀疏图中,$m=O(n)$。

- 暴力求解:不使用任何数据结构进行维护,每次操作② 执行完毕后,直接在集合 T 中暴力寻找最短路径长度最小的节点。操作②总时间复杂度为 $O(m)$,操作①总时

间复杂度为 $O(n^2)$，全过程的时间复杂度为 $O(n^2+m)=O(n^2)$。

- 优先队列：使用优先队列时，如果同一个点的最短路径被更新多次，因为先前更新时插入的元素不能被删除，也不能被修改，只能留在优先队列中，故优先队列内的元素个数是 $O(m)$ 的，操作②每次插入的时间复杂度为 $O(\log m)$，总共需要进行 $O(m)$ 次插入，故总时间复杂度为 $O(m\log m)$。

4. 编程实现 Dijkstra 算法

① 建立优先队列（小根堆）并将与路程起始点相邻的边加入优先队列，以到达当前节点的权值作为比较。

② 每次在小根堆中弹出堆顶节点，即为此时路径最短的边。若已经访问到了路程终点，则停止访问，否则继续向小根堆中添加与新站点相连的边。

```cpp
void pkMetro::Dijkstra() {
    for (int i = 0; i < station.size(); i++) {
        isVisit[i] = Route[i] = line2st[i] - 1;
    }
    isVisit[begin] = 0;
    Route[begin] = begin;
    line2st[begin] = begin >> 6;
    priority_queue<edge, vector<edge>, cmp> eSet;
    for (int i = 0; i < adjMat[begin].size(); i++) {        //①
        eSet.emplace(begin, adjMat[begin][i].first, adjMat[begin][i].second);
    }
    while (! eSet.empty()) {                                //②
        edge t = eSet.top();
        eSet.pop();
        if (-1 == isVisit[t.dest]) {                        //新站点
            Route[t.dest] = t.source;
            line2st[t.dest] = Line(t.source, t.dest);
            isVisit[t.dest] = t.delay;
            for (int i = 0; i < adjMat[t.dest].size(); i++) {
                int nextTime = t.delay + adjMat[t.dest][i].second + transDelay(t.dest, adjMat[t.dest][i].first);
                eSet.emplace(t.dest, adjMat[t.dest][i].first, nextTime);
            }
        }
        if (-1 != isVisit[end]) break;
    }
```

```
}
```

③ 辅助函数(用来计算换乘站时延)如下:

```
int pkMetro::transDelay(int source, int dest) {
    if (source == begin || Line(source, dest) == line2st[source])
        return 0;
    return 6;                                    //average transport delay
}
```

4.7.5 完整的类实现

(1) 完整的类实现 pkMetro.cpp:类实现主要包括两部分,即初始化构造函数和
Dijkstra 算法调用函数 FindRoute()。

① 初始化:主要功能包括读入各种地铁信息数据,比如站点信息、站和站的距离信息
等,并保存到相应的 STL 类中。

```
pkMetro::pkMetro() {
    ifstream fileIn("line.txt");      //初始化 vector "line"
    string str;
    int number;
    if (! fileIn) {
        throw "File Line error!"
    }
    while (true) {
        fileIn >> str >> number;
        if (-1 == number) break;
        line.push_back(str);
    }
    fileIn.close();

    fileIn.open("station.txt");      //初始化 vector "station"
    if (! fileIn) {
        throw "File station error!"
    }
    while (true) {
        fileIn >> str >> number;
        if (-1 == number) break;
        station[number] = str;
    }
}
```

```
        fileIn.close();

        fileIn.open("route.txt");          //初始化 adjacency matrix
        if (! fileIn) {
            throw "File route error!"
        }
        int st1, st2, interval;
        while (true) {
            fileIn >> st1 >> st2 >> interval;
            if (st2 == -1) break;
            adjMat[st1].emplace_back(st2, interval);
            adjMat[st2].emplace_back(st1, interval);
        }
        fileIn.close();

        fileIn.open("spjudge.txt");//初始化 vector "whichLine"
        if (! fileIn) {
            throw "File spjudge error!"
        }
        while (1) {
            fileIn >> st1 >> st2 >> interval;
            if (st1 == st2) break;
            whichLine.emplace_back(st1, st2, interval);
        }
        fileIn.close();

        begin = end = -1; //初始化其他变量
    }
```

② Dijkstra 算法调用：该部分主要完成用户查询接口程序功能，即输入任意两个站点，给出两站之间用时最短的路径。

```
string pkMetro::FineRoute(string strSource, string strDest) {
    int i = 0;
    for (;i < station.size(); i++)        //检查出发站点输入是否正确
        if (station[i] == strSource) {
            begin = i; break;
        }
    for (i = 0; i < station.size(); i++) //检查目的站点输入是否正确
        if (station[i] == strDest) {
```

```
            end = i;  break;
        }
    Dijkstra();                        //运行优化后的最短路径算法
    i = end;
    stack < int > stk;
    int cnt = 0;
    while (i != begin) {
        stk.emplace(i); i = Route[i];  cnt ++ ;
    }
    string ans = "路线:\n";
    ans = ans + line[Line(begin, stk.top())] + ":" + station[begin];
    while (! stk.empty()) {
        int st = stk.top();
        stk.pop();
        if (line2st[st] != line2st[Route[st]] && Route[st] != begin)//transfer
            ans = ans + "\n" + line[line2st[st]] + ":" + station[Route[st]];
        ans = ans + " ->" + station[st];
    }
    ans = ans + "\n" + "开销共" + to_string(isVisit[end]) + "分钟、" + to_
string(cnt) + "站";
    return ans;
}
```

（2）编写测试主函数 main()，用来验证 pkMetro 的运行效果。

```
# include"pkMetro.h"
# include < algorithm >
# include < time.h >
using namespace std;
int main(void) {
    clock_t tbegin = clock();
    pkMetro pkm;
    string s1, s2, ans;
    while (1) {
        cout << "起点>>";
        cin >> s1;
        cout << "终点>>";
        cin >> s2;
        ans = pkm.findRoute(s1, s2);
        cout << ans << endl << endl;
```

```
    }
    cout << clock() - tbegin << "ms";
    return 0;
}
```

运行结果如下。

输入：

东直门－>昌平

输出：

起点>>东直门

终点>>昌平

路线：

13 号线：东直门－>柳芳－>光熙门－>芍药居－>望京西－>北苑－>立水桥－>霍营

8 号线(北段)：霍营－>回龙观东大街－>平西府－>育知路－>朱辛庄

昌平线：朱辛庄－>巩华城－>沙河－>沙河高教园－>南邵－>北邵洼－>昌平东关－>昌平

开销共 75 分钟、18 站

本 章 小 结

对实际中各种各样的复杂问题进行抽象是计算思维中关键的一个环节，抽象包括数据抽象和算法抽象，二者相辅相成。抽象的一个好处就是简化问题，经过数据抽象可以将数据进行更高效的组织；另一个好处就是若该问题可以抽象为树、图等算法，则一定可以找到前人已经总结好的算法进行解决或优化，从而达到事半功倍的效果。因此，提升计算思维中的抽象能力，简化复杂问题的求解过程，才是制胜之道。

第5章
计算思维解决通用问题

计算思维解决通用问题,是计算思维体现最极致的地方。首先,本章利用总和最大区间问题这个示例的 5 种从易到难一系列解决问题的思路,帮助学生体会循环、分治、递归、动态规划等多种思维方式的对比学习和运用。其次,本章从矩阵问题开始引入了大数据思维的概念,通过矩阵问题的单机求解和分布式求解方式,强化计算机资源有限情况下大数据思维的编程训练,帮助学生学习并实践如何基于计算思维解决现实中的分布式大数据问题。最后,本章还引入了矩阵应用——BMP 图像处理,帮助初学者将枯燥的数学问题和有趣的实际问题有机联系起来,学有所用。

5.1　总和最大区间问题

5.1.1　问题分析

问题:给定一个实数序列,设计一个最有效的算法,找到一个总和最大的区间。

比如:在下面的序列中

$1.5, -12.3, 3.2, -5.5, 23.2, 3.2, -1.4, -12.2, 34.2, 5.4, -7.8, 1.1, -4.9$

总和的最大区间为第 5 个数(23.2)到第 10 个数(5.4)。

问题引申:该问题来源于一个经典的金融股票最大收益问题,即寻找一只股票的最长的有效增长期。研究股票投资的人都希望了解一只股票最长的有效增长期是哪一个阶段,即从哪天买进到哪天卖出的收益最大。当然,很多股票只要持有不卖,长期来讲总是收益不断增加的。但是,如果扣除整个市场(大盘)对股票的影响,任何一只股票都有一个时间点,过了那个时间点,再持有它就不如买其他指数基金或其他股票了。任何一只股票,即便是如 Apple、Google 一样的“明星”公司的股票,也有不值得持有的一天。

我们可以这样做一个数据抽象:把一只股票每天价格的变化和当前大盘的变化进行比较,若涨幅超过大盘则为正实数,涨幅低于大盘为负实数,这样随着时间的推移,就可以得到如上述题目所示的一个实数序列,即一只股票的涨幅变化序列(扣除大盘的影响)。因此,我们通过计算每一只股票的总和最大的区间长度和收益,就可以得到所有股票中的最大收益、最长收益时长等有效参数,作为金融股票证券交易人员的参考数据。

5.1.2 算法实现——三重循环 $O(n^3)$

（1）算法建模

假设序列长度为 n,序列中的元素依次是 $a_1,a_2,a_3,\cdots,a_n$,区间起始序号为 p,结束序号为 q,这些数字的总和为 $S(p,q)$,则 $S(p,q)=a_p+a_{p+1}+\cdots+a_q$。

要求出最大区间,最易想到的方法就是三重循环,即将所有情况遍历并比较大小。其中,首先需要将 p 从 1 循环至 n,将 q 从 p 循环至 n,这个过程的时间复杂度是 $O(n^2)$,$S(p,q)$ 要做从 p 到 q 的累加,需要一个 $O(n)$ 的循环才可以,因此,总的时间复杂度是 $O(n^3)$。

在计算的过程中,因为要找最大的区间总和,所以附设一个 nMax 变量保存最大的总和即可。

（2）编程方法

根据以上思想,我们首先需要确定计算过程中使用到的变量,包括存储 $S(p,q)$ 累加和的变量 sum,存储 $S(p,q)$ 区间内总和最大值的变量 nMax,以及区间的起始和终止位置。这里,位置计算从 1 开始,C++代码如下:

```cpp
float MaxSection1(float data[],  int n, int &p, int &q)
{
    float sum = 0;
    float nMax = 0;
    p = 0;
    q = 0;
    for (int i = 1; i <= n; i++ )                    //起始位置 p 循环
    {
        for (int j = i; j <= n; j++ )                //终止位置 q 循环
        {
            sum = 0;
            for (int k = i; k <= j;  k++ )           //①累加 S(p,q)
            {
                sum += data[k];
            }
            if (nMax < sum)                          //寻找最大值,更新区间
            {
                nMax = sum;
                p = i;
                q = j;
            }
        }
    }
```

```
        }
        return nMax;
}
```

下面,我们给出一个测试主函数 main 来验证算法,并利用测试多项式观察结果:

```
#include < iostream >
using namespace std;
int main()
{
        int p = 1,q = 1;
        float data[14] = {0,1.5, - 12.3,3.2, - 5.5,23.2,3.2, - 1.4, - 12.2,34.2,
        5.4, - 7.8,1.1, - 4.9};                //0 号空间不用
        float Max = MaxSection1(data,13,p,q);
        cout <<"总和最大区间是起始:"<< p <<"\t 结束:"<< q <<"\t 最大值:"<< Max << endl;
        return 1;
}
```

测试运行结果如下:

总和最大区间是起始:5　　结束:10　　最大值:52.4

5.1.3　算法实现——二重循环 $O(n^2)$

(1) 算法建模

假设序列长度为 n,序列中的元素依次是 $a_1,a_2,a_3,\cdots,a_n$,区间起始序号为 p,结束序号为 q,这些数字的总和为 $S(p,q)$,则 $S(p,q)=a_p+a_{p+1}+\cdots+a_q$。其中 p 从 1 循环至 n,q 从 p 循环至 n,这样共有 $n\cdot(n+1)/2$ 个区间。要计算 $S(p,q)$ 平均需要做 $n\cdot(n+1)/2$ 次累加,是否有更优化的方法呢? 参考前文 MaxSection1() 函数中的①**累加** $S(p,q)$ 部分,答案当然是可以的。

假设已经知道了 $S(p,q)$ 的累加和,那么:

$$S(p,q+1)=S(p,q)+a_{q+1}$$

首先,我们额外需要 $O(1)$ 的空间存储 $S(p,q)$。其次,事实上因为目标是 $S(p,q)$ 中截至目前所有总和的最大值,我们假定该值为 Max,那么我们只需要保存 Max,若 $S(p,q+1)\leqslant$ Max,则 Max 不变,否则,迭代更新 Max $=S(p,q+1)$ 即可,并记录下区间范围 $[p,q+1]$。

因此,从时间上看,时间复杂度是 $O(n^2)$;从空间上看,只需要 3 个辅助变量,即区间总和最大值 MAX、区间开始和结束的位置 Left 和 Right,空间复杂度是 $O(1)$。

(2) 编程方法

根据以上思想,我们首先需要确定计算过程中使用到的变量,包括存储 $S(p,q)$ 累加和的变量 sum,存储 $S(p,q)$ 区间内总和最大值的变量 nMax,以及区间的起始和终止位置。

这里,位置计算从 1 开始,C++代码如下:

```cpp
float MaxSection2(float data[], int n, int &p, int &q) //data 存储序列,从下标 1 开始
{
    float sum = 0;                          //初始化
    float nMax = 0;
    p = q = 0;
    for (int i = 1; i <= n; i++)            //起始位置 p 循环
    {
        sum = 0;
        for (int j = i; j <= n; j++)        //终止位置 q 循环
        {
            sum = sum + data[j];            //累加 S(p,q)
            if (nMax < sum)                 //寻找最大值,更新区间
            {
                nMax = sum;
                p = i;
                q = j;
            }
        }
    }
    return nMax;
}
```

测试函数同 5.1.2 小节的算法实现。

5.1.4 算法实现——分治法 $O(n\log n)$

下面我们来思考,算法是否可以继续优化。

(1) 算法建模

假设序列长度为 n,序列中的元素依次是 $a_1, a_2, a_3, \cdots, a_n$,区间起始序号为 p,结束序号为 q,这些数字的总和为 $S(p,q)$,则 $S(i,j) = a_p + a_{p+1} + \cdots + a_q$。

首先,将序列一分为二,分成 $1 \sim n/2$,以及 $(n/2+1) \sim n$ 两个子序列。然后,我们分别对这两个子序列求它们的总和最大区间,分成两种情况讨论。

情况 1:前后两个子序列的总和最大区间中间没有间隔,也就是说前一个子序列的总和最大区间为 $[p, n/2]$,后一个子序列的总和最大区间恰好是 $[n/2+1, q]$,并且两个区间各自的和均为正数,这时,整个序列的总和最大区间就是 $[p, q]$,否则,整个序列的总和最大区间取两个子序列总和最大区间中较大的一个。

情况 2:前后两个子序列的总和最大区间中间有间隔,假设两个序列的总和最大区间分别是 $[p_1, q_1]$ 和 $[p_2, q_2]$。这时,整个序列的总和最大区间是下面三者中最大的那个:①$[p_1,$

$q_1]$；②$[p_2,q_2]$；③$[p_1,q_2]$。对于上述 3 个区间的总和，前两个已经计算出来，第 3 个需要重新计算一下总和，时间复杂度为 $O(n)$，然后，我们挑出一个总和最大的区间即可。

思考：为什么我们可以这样挑选呢？

（2）编程方法

由于每个子序列都需要求总和最大区间，因此，我们可以采用递归的方法、分治的思想进行实现。由于递归的区间起始不为 1，因此我们需要对数组按照起始下标 i 和结束下表 j 作为求最大区间总和的区间 $[i,j]$。

编写递归函数的规则时需要注意两点。

① 递归结束条件：这里是 $i==j$，即区间长度为 1 时，直接返回当前位置数值即可。

② 递归参数变化：这里需要注意的是当把 $[i,j]$ 等分成两个区间时，区间划分为 $[i,(i+j)/2]$ 和 $[(i+j)2+1,j]$，其中 $(i+j)/2$ 为整除。

C++代码实现如下：

```cpp
float MaxSection3(float data[],  int i, int j, int &p, int &q)
{
    if (i == j) {
        p = i;        q = i;        return data[i];
    }
    else{
        int p1 = 0,q1 = 0,p2 = 0,q2 = 0;
        float fmax1 = MaxSection3(data,i,(i + j)/2,p1,q1);     //前半区间
        float fmax2 = MaxSection3(data,(i + j)/2 + 1,j,p2,q2); //后半区间
        if (q1 + 1 == p2)              //第一种情况
        {
            if (fmax1 > 0 && fmax2 > 0)   //区间最大值必须为正数
            {
                p = p1; q = q2; return fmax1 + fmax2;
            }
        }
        else                            //第二种情况
        {
            float fmax3 = Sum(data,p1,q2);
            if ((fmax3 > fmax1) && (fmax3 > fmax2))
            {
                p = p1;        q = q2;       return fmax3;
            }
        }

        if (fmax1 > fmax2)
        {    p = p1; q = q1; return fmax1;}
```

```
        else
        {       p = p2; q = q2; return fmax2;}
    }
}


float Sum(float data[],int p1,int q2)      //辅助函数:求和函数
{
    float sum = 0.0;
    for (int i = p1;i <= q2;i ++)
            sum += data[i];
    return sum;
}
```

这里我们分析一下分治法的时间复杂度。以长度为 13 的序列为例进行拆分时,区间可拆分为如图 5-1 所示的 5 层,说明若序列长度为 n,则递归的最大层就是 $\log n$ 层;每一层需要的最大计算量就是求和函数 Sum(),每一层无论调用几次 Sum() 函数,总的时间复杂度不会超过 $O(n)$,因此,总的时间复杂度是 $O(n\log n)$。

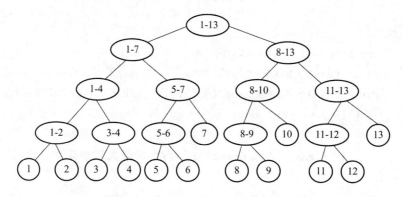

图 5-1　递归区间差分分析树

下面,我们给出一个测试主函数 main 来验证算法,并利用测试多项式观察结果:

```
#include <iostream>
using namespace std;
int main()
{
    int p = 1,q = 1;
    float data[14] = {0,1.5, - 12.3,3.2, - 5.5,23.2,3.2, - 1.4, - 12.2,34.2,
    5.4, - 7.8,1.1, - 4.9};              //0 号空间不用
    float Max = MaxSection3(data, 1, 13, p, q);
    cout <<"总和最大区间是起始:"<< p <<"\t 结束:"<< q <<"\t 最大值:"<< Max << endl;
    return 1;
}
```

测试运行结果如下:

总和最大区间是起始:5　结束:10　最大值:52.4

5.1.5　算法实现——正反扫描法 $O(n)$

下面我们继续思考,算法是否可以进一步地优化。到目前为止,要对算法进行优化已经非常困难,但是一个优秀的程序员或工程师应当进一步发挥想象空间,思考是否有可能达到极限效率。(若以股票为例,其数据量是几十亿,就是 GB-TB 级的,因此,所有可能的时间性能优化,都会产生巨大的效益。)

(1) 算法建模

本小节所使用的算法在 5.1.3 小节二重循环算法的基础上做了改进。在二重循环算法中,我们先设定左边界 p,在 p 不变的情况下再计算右边界 q,所以,当左边界 p 改变时,我们需要重新计算所有的右边界 q。我们可以发现,二重循环算法存在冗余的计算,实际上,这种方法无形中已经找到了总和最大区间的右边界。

我们可以这么尝试:正向扫描得到最大区间的右边界,反向扫描得到最大区间的左边界。具体做法如下。

步骤 1:先在序列中扫描找到第一个大于 0 的数。这一步相当于预处理,时间复杂度为 $O(n)$。①假设整个数组都是负数或者 0,那只需找到最大的数,就是所要找的区间;②否则,从头部序列开始删除直到遇到第一个大于 0 的数。到此我们认为数组第 0 个元素是一个正数。

步骤 2:把左边界固定在第一个数,$q=2,3,\cdots,n$,计算 $S(1,q)$,到目前为止的和最大值 fMaxF,以及和达到最大值的右边界 r。

步骤 3:对于所有的 q,都有 $S(1,q)\geqslant 0$,或者存在某个 q_0,当 $q>q_0$ 时满足上述条件。当扫描到最后的 n 时,保留最大的 fMaxF 和对应的 r,因上文假设数组第 1 个为正数,则 p 为 1,q 为 r,所以区间 $(1,r)$ 就是我们所需要的右区间。这里我们探讨一下原因:若 fMax 是最大区间值,那么在 $r+1$ 之后,无论怎么累加,和都是负数(或者零),所以右边界不可能往后延长了。我们将前向累加的分析结果放入表 5-1,可以看出 $r=10$ 是右区间。

表 5-1　序列前向/后向累加和

序号	1	2	3	4	5	6	7	8	9	10	11	12	13
元素	1.5	−12.3	3.2	−5.5	23.2	3.2	−1.4	−12.2	34.2	5.4	−7.8	1.1	−4.9
前向累计	1.5	−10.8	−7.6	−13.1	10.1	13.3	11.9	−0.3	33.9	**39.3**	31.5	32.6	27.7
后向累计	27.7	26.2	38.5	36.3	**40.8**	17.6	14.4	15.8	28	−6.2	−11.6	−3.8	−4.9

此时,我们还不知道区间的左边界在哪里。所以,我们需要把这个问题倒过来看。我们从后向前计算后向累加和,从表 5-1 中可以看出累加区间最大值是 fMaxB=40.8,$l=5$ 是左区间。因此,我们可以得出区间 $[l,r]=[5,10]$ 的累加和最大。

下面,我们考虑一下特殊的情况,如果 $S(1,q)$ 在某个位置小于零,然后它就一直是小于零的,比如,更改一个数字 data[8]=−62.2,则序列前向/后向累加和如表 5-2 所示。

表 5-2　更改一个数字后的序列前向/后向累加和

序号	1	2	3	4	5	6	7	8	9	10	11	12	13
元素	1.5	−12.3	3.2	−5.5	23.2	3.2	−1.4	−62.2	34.2	5.4	−7.8	1.1	−4.9
前向累计	1.5	−10.8	−7.6	−13.1	10.1	**13.3**	11.9	−50.3	−16.1	−10.7	−18.5	−17.4	−22.3
后向累计	−22.3	−23.8	−11.5	−14.7	−9.2	−32.4	−35.6	−34.2	**28**	−6.2	−11.6	−3.8	−4.9

此时，我们看到前向累加最大值是 fMaxF=13.3，右边界 $r=6$，后向累加和最大值是28，左边界是 $l=9$，其中 $l>r$，显然算法出错了。实际上真正的区间和 fMaxB=39.6 是 $[l,r]=[9,10]$，原因就是从开始累加到遇到数据 data[8]=−62.2 之后，所有累加和都是负数，所以，我们没找到。因此，下面我们需要改进一下步骤2和步骤3。

改进后的步骤2：为了不失一般性，我们假设左边界 $l=p$，然后从 $q=p,p+1,p+2,\cdots,n$ 开始计算 $S(p,q)$，以及到目前为止的最大值 fMaxF 对应的右边界 r_1。若我们计算到某一位置发现 $S(p,q)<0$，此时，我们就从 q 开始反向扫描累加计算 fMaxB，从而确定第一个区间 $[1,q]$ 区间中的最大区间，不妨假定该区间为 $[l_1,r_1]$，该区间总和为 Max1。特别需要指出的是，l_1 起始就是 p。

改进后的步骤3：我们从 $q+1$ 开始往后扫描，重复改进后的步骤2的过程。先找第一个大于零的元素，然后开始前向累加，直到遇到某一个 q'，使得 $S(q+1,q')<0$，反向累加，得到第二个局部的最大区间 $[l_2,r_2]$，该区间总和为 Max2。

此时，我们需要确定 $[1,q']$ 区间中的最大总和区间，实际上只需要比较 Max1、Max2 和 $S(l_1,r_2)$ 这三个数值，其中的最大值即为该总和最大区间。

这里，我们先讨论一下 $S(l_1,r_2)$ 为总和最大区间的可能性。

由于 $S(q+1,r_2)=S(q+1,l_2-1)+S(l_2,r_2)<S(l_2,r_2)$，所以

$$S(q+1,l_2-1)<0 \tag{5.1}$$

同时，由于

$$S(l_1,r_1)+S(r_1,+1,q)=S(p,r_1)+S(r_1,+1,q)=S(p,q)<0 \tag{5.2}$$

因此，可得

$$S(l_1,r_2)=\text{Max1}+\text{Max2}+S(r_1,+1,l_2-1)<\text{Max2} \tag{5.3}$$

所以，总和最大区间要么是 $[l_1,r_1]$，要么是 $[l_2,r_2]$，我们只需要将二者中最大的区间保留到中间变量作为 Max 区间 $[l,r]$ 即可。

步骤4：采用与步骤3同样的方式，依次向后扫描整个序列，得到一个个局部和最大的区间 $[l,r]$ 和相应的 Max 值，然后取其中最大的 Max 作为整个序列的总和最大区间和相应的 $[l,r]$，也就是整个序列的总和最大区间。

（2）编程方法

```
float rangeSum(float data[], int start, int end)//辅助函数，计算区间总和
{
    float sumRange = 0;
    for(int j = start;j <= end;j++)
        sumRange += data[j];
    return sumRange;
```

```
}
float MaxSection5(float data[],int n, int &p, int &q)
{
    //检查是否有大于 0 的元素
    int r = 0;
    for(int i = 1;i <= n;i ++){
        if(data[i] > 0){
            r = i;          break;
        }
    }
    if(r == 0){                    //返回负值中的最大值,并记录位置
        p = 1;
        for(int i = 2;i <= n;i ++){
            if(data[i] > data[p])
                p = q = i;
        }
         return data[p];
     }
    float maxSum = INT_MIN;     //区间和最大值
    float sum = 0;             //某个区域内的累加和
    float maxF = INT_MIN;      //某个区域内从左到右累加的和最大值
    int rF = r;                //某个区域内和最大值的右边界
    int i = r;
    while(i <= n) {
        sum += data[i];
        if(sum < 0) {
            int l = i;
            //查找左边界
            float sumB = 0;
            float maxB = INT_MIN;
            int lF = l;
            for(int j = l;j >= r;j --){
                    sumB += data[j];
                    if(sumB > maxB){
                        maxB = sumB;      lF = j;
                    }
            }
            //计算区域内的和
            float sumRange = rangeSum(data, lF, rF);
```

```
        if(sumRange > maxSum) {
                maxSum = sumRange;        p = lF;        q = rF;
        }
        //查找下一个区段的起点
        while(l + 1 < = n && data[l + 1] < = 0) l + + ;
        r = l + 1 ;
        i = l + 1 ;
        sum = 0;
        continue;
    }
    else if(maxF < sum) {
        maxF = sum;
        rF = i;                //找到从前到后最大值的边界
        if (maxSum < maxF) {
            q = rF;    p = r;    maxSum = maxF;
        }
    }
    i + + ;
}
return maxSum;
}
```

测试主函数如下：

```
int main()
{
    int p = 1,q = 1;
    //float data[14] = {0,1.5, - 12.3,3.2, - 5.5,23.2,3.2, - 1.4, - 62.2,34.2,
    5.4, - 7.8,1.1, - 4.9};
    float Max = MaxSection5(data,13,p,q);
    cout << "总和最大区间是起始:" << p << "\t 结束:" << q << "\t 最大值:" << Max << endl;
    return 1;
}
```

运行结果如下：

总和最大区间是起始:9   结束:10   最大值:39.6

5.1.6 算法实现——动态规划 $O(n)$

虽然正反扫描法的时间复杂度是 $O(n)$，但是该算法较为复杂。那么还有其他更简单的方法来实现最大连续区间和问题么？当然是有的,那就是利用动态规划的思维来优化算法,得到一个线性的算法,这也是最大连续区间和的标准算法。

(1) 算法建模

首先,将数据存储在一维数组 data 中,然后定义一个前缀数组 fmax,其中 fmax[i]为以 i 为结尾的最大连续和,因为以 a[i]为结束且是连续子段,所以 fmax[i]要么是 a[i]本身,要么是 a[i]+"以 a[i-1]为结束的最大连续字段和",也就是 a[i]+fmax[i-1]。所以状态转移方程为:fmax[i]=max(data[i], fmax[i-1]+data[i])。只需要扫描一遍即可,总时间复杂度为 $O(n)$。

```
float fmax[n];
fmax[0] = 0;
for (int i = 1 ; i < = n ; i + + )
{
    fmax[i] = max(fmax[i - 1] + data[i],fmax[i]);
    res = max(res, fmax[i]);
}
```

其中,max()函数是返回两数中的较大值,res 为最后最大连续总和。

那么,我们如何计算这个连续总和最大区间的左右界呢?

为了厘清 fmax[i]=max(fmax[i-1]+data[i], fmax[i])这句代码的运行原理,我们用 if-else 条件语句将 max()函数拆开,并定义临时变量 t 记录起点,从而清楚地观察区间起点是否变化。

```
if (fmax [i - 1] + data[i]> f[i])
    fmax [i] = fmax [i - 1] + data[i];     //扩充区间
else
    t = i;                                 //更改区间起点
```

在 res=max(res, fmax[i])中,我们也利用同样的原理,从而得以记录左界 p 和右界 q,即

```
if(res < fmax [i])
{
    res = fmax [i];          //动态记录区间最大和
    p = t;                   //起点
    q = i;                   //终点
}
```

(2) 编程方法

根据以上思路,将动态规划求最大区间总和的算法更新如下:

```
int  MaxSection4(float data[],int n, int &p, int &q)   //p起点,q终点
{
    float fmax[n + 1];
```

```
        memcpy (fmax, data, sizeof(float) * n);
        int t = 1;
        int res = INT_MIN;                     //最小值
        for (int i = 1 ; i <= n ; i ++)
        {
            if (fmax [i - 1] + data[i] > f[i])
                fmax [i] = fmax [i - 1] + data[i];
            else
                t = i;
            if(res < fmax [i])
            {
                res = fmax [i];          p = t;          q = i;
            }
        }
        for (int i = 1 ; i <= n ; i ++)       //打印各个区间总和编号
                cout << i <<'\t';
        cout << endl;
        for (int i = 1 ; i <= n ; i ++)       //打印各个区间总和
                cout << fmax[i]<<'\t';
        cout << endl;
        return res;
}
```

测试主函数如下：

```
int main()
{
    int p = 1,q = 1;
    float data[14] = {0,1.5, - 12.3,3.2, - 5.5,23.2,3.2, - 1.4, - 12.2,34.2,
    5.4, - 7.8,1.1, - 4.9};
    //0 号空间不用
    float Max = MaxSection4(data,13,p,q);
    cout <<"总和最大区间是起始:"<< p <<"\t 结束:"<< q <<"\t 最大值:"<< Max << endl;
    return 1;
}
```

运行结果如下：

1	2	3	4	5	6	7	8	9	10	11	12	13
1.5	− 10.8	3.2	− 2.3	23.2	26.4	25	12.8	47	52.4	44.6	45.7	40.8

总和最大区间是起始:5   结束:10   最大值:52.4

5.1.7 算法变形——连续最大数值问题

问题：有一排树木，编号 $1,2,3,\cdots$，总共有 m 棵。假设这些树会死掉 n 棵，这 n 棵的编号为 $2,4,6,\cdots$，现在提供 k 棵树去补充已死的树，求补完之后，连续树木的最大数量。

（1）算法分析

该问题中存在一些隐含条件，就本题来说，补充的树木一定会在连续的空缺编号中，即若是空缺 $2,4,6,\cdots$，可以补充 2 棵树，那么一定要补充在 $[2,4]$，$[4,6]$ 这样连续的空缺编号中，才能保证连续树木的最大数量。

（2）编程实现

根据上面的分析，我们只需要从头选择连续补充位置，然后从补充位置的起始位置和终止位置向前和向后扩展窗口的大小，就可以计算窗口中的树木数量。

```
int FillTree(int t, int n, int dieID[], int k)    //返回值为连续树木的最大数量
//t 为总的树木，n 为死掉的树木，dieID 为死掉树木的 ID，k 为补充树木
{
    //滑动窗口算法
    int start = 1;
    int end = 1;
    int s;                  //记录填树的起始位置
    int m = 1;              //临时记录填树的起始位置
    int dis = 0;            //填充完毕，计算连续树木的最大数量
    while(end <= t && m <= n - k + 1)
    {
        for(int i = 0;i < k;i++)
            tree[dieID[m + i]] = 1;
        //左延窗口
        start = dieID[m];
        while (tree[start - 1] == 1)   start -- ;
        //右延窗口
        end = dieID[m + k - 1];
        while (tree[end + 1] == 1)     end ++ ;

        if (end - start + 1 > dis)
        {    dis = end - start + 1;
             s = m;
        }
        for(int i = 0;i < k;i++)        //恢复初始树木状态
            tree[dieID[m + i]] = 0;

        m ++ ;                          //换下一个位置补充树木
```

```
    }
    for ( int i = 0 ; i < k ; i ++ )
            cout << dieID[s + i]<< endl;
    return dis;
}
```

测试函数如下：

```
# include < iostream >
using namespace std;
```

5.2 矩 阵 问 题

5.2.1 矩阵相乘

1. 问题及分析

问题：编写一个算法，求 $m \times n$ 阶矩阵 A 与 $n \times k$ 阶矩阵 B 的乘积矩阵 $C = AB$。

分析：在数学中，矩阵（Matrix）是指纵横排列的二维数据表格，最早来自由方程组的系数及常数所构成的方阵。这一概念由 19 世纪的英国数学家阿瑟·凯利（Arthur Cayley）首先提出。

矩阵是高等代数学中的常见工具，也常见于统计分析等应用数学学科中。许多算法都会结合矩阵来处理，比较具有代表性的矩阵算法有：矩阵相乘、矩阵求逆、矩阵快速幂、高斯消元等。

2. 算法实践——迭代法

（1）数学建模

矩阵与矩阵相乘，约束条件是第一个矩阵的列数必须等于第二个矩阵的行数，假如第一个矩阵 A 是 $m \times n$ 阶矩阵，第二个矩阵 B 是 $n \times k$ 阶矩阵，则结果矩阵 C 就是 $m \times k$ 阶矩阵。

矩阵中的元素具有以下特点，例如，矩阵 C 第一行、第一列的元素为第一个矩阵 A 第一行的每个元素和第二个矩阵 B 第一列的每个元素乘积的和，依此类推，第 i 行第 j 列的元素就是第一个矩阵的第 i 行的每个元素与第二个矩阵第 j 列的每个对应元素的乘积的和。

例如：

$$A \times B = \begin{pmatrix} a_{11} & a_{12} \\ a_{21} & a_{22} \\ a_{31} & a_{32} \end{pmatrix} \begin{pmatrix} b_{11} & b_{12} \\ b_{21} & b_{22} \end{pmatrix} = \begin{pmatrix} a_{11}b_{11} + a_{12}b_{21} & a_{11}b_{12} + a_{12}b_{22} \\ a_{21}b_{11} + a_{22}b_{21} & a_{21}b_{12} + a_{22}b_{22} \\ a_{31}b_{11} + a_{32}b_{21} & a_{31}b_{12} + a_{32}b_{22} \end{pmatrix}$$

因此，乘积结果矩阵 C 中的第 i 行、第 j 列的元素可以表示为

$$c_{ij} = \sum_{t=0}^{n-1} a_{it}b_{tj} , i = 0, 1, \cdots, m-1 ; j = 0, 1, \cdots, k-1$$

（2）编程方法

接下来我们根据以上公式,通过C++编程实现矩阵相乘函数。

首先我们要设计一个基本的二维矩阵类,这个类包含指定行和列的成员变量 row 和 col,以及存储数值的成员变量 elem。这里为了简化,我们只考虑二维整型矩阵的情况。

矩阵类应该包含基本的初始化函数、输出函数,以及题目要求的相乘函数。在 Matrix.h 头文件中定义类声明。

```cpp
#pragma once
class Matrix
{
    int row;                        //矩阵的行
    int col;                        //矩阵的列
    int ** elem;
public:
    Matrix();                       //默认构造函数
    Matrix(int r, int c, bool set = true);
    Matrix(const Matrix &mat);      //拷贝构造函数
    Matrix Mmul(const Matrix &mat); //矩阵乘
    void display();                 //显示矩阵元素
};
```

接下来,在 Matrix.cpp 文件中定义类,我们实现了构造函数和矩阵乘法函数。

```cpp
#include "Matrix.h"
Matrix::Matrix(int r, int c, bool set)
{
    row = r;
    col = c;
    elem = (int ** )malloc(sizeof(int * ) * row);
    for (int i = 0; i < row; i++) {
        * (elem + i) = (int * )malloc(sizeof(int) * col);
    }
    if (set == true){
        cout <<"请输入"<< r <<"行"<< c <<"列"<<"的矩阵:"<< endl;
        for (int i = 0; i < row; i++)
            for (int j = 0; j < col; j++)
                cin >> elem[i][j];
    }

}
Matrix::Matrix(const Matrix & mat)      //拷贝构造函数
```

```
    {
        row = mat.row;
        col = mat.col;
        elem = new int * [row];
        for (int i = 0; i < row; i ++) {
                elem[i] = new int[col];
        }
        elem = mat.elem;
    }


Matrix Matrix::Mmul(const Matrix & mat)
    {
        Matrix product(this -> row, mat.col, false);
        if (this -> col ! = mat.row) {              //判断是否符合相乘条件
                cout << "不符合两矩阵相乘的条件!"<< endl;;
        }
        else{
            for (int i = 0; i < product.row; i ++) {
                for (int j = 0; j < product.col; j ++)
                {
                        product.elem[i][j] = 0;
                        for (int n = 0; n < mat.row; n ++){
                                product.elem[i][j] + = this -> elem[i][n] * mat.
                                elem[n][j];
                        }
                }
            }
        }
        return product;
    }


void Matrix::display()                          //输出矩阵
    {
        for (int i = 0; i < row; i ++) {
            for (int j = 0; j < col; j ++) {
                    cout << elem[i][j] << " ";
            }
            cout << endl;
        }
```

```
        cout << endl;
}
```

最后,我们通过 main 函数来测试矩阵相乘功能:

```
# include < iostream >
# include < cstdlib >
using namespace std;
int main()
{
        Matrix m1(2, 3);
        Matrix m2(3, 2);
        cout << "m1 * m2 = " << endl;
        Matrix m3 = m1.Mmul(m2);
        m3.display();
        return 0;
}
```

运行结果如下:

请输入 2 行 3 列的矩阵:

1 2 3

4 5 6

请输入 3 行 2 列的矩阵:

7 8

1 2

3 4

m1 * m2 =

18 24

51 66

扩展: 显然,$m \times k$ 阶矩阵乘以 $k \times n$ 阶矩阵,得到 $m \times n$ 阶矩阵,矩阵相乘的复杂度是 $O(m \times k \times n)$。如果两个矩阵都是 n 维方阵,我们可以说矩阵相乘的复杂度为 $O(n^3)$。所以,当两个巨大的矩阵相乘时,消耗的资源是很大的。实际上,矩阵相乘是有更优化的算法的——施特拉森算法。它是一个利用分治思想计算矩阵乘法的算法,时间复杂度为 $O(n^{\log_2^7}) = O(n^{2.807})$。

目前时间复杂度最低的矩阵乘法算法是 Coppersmith-Winograd 方法的一种扩展方法,其算法复杂度为 $O(n^{2.3727})$。

5.2.2 大规模矩阵相乘

1. 问题分析

5.2.1 小节讲的矩阵相乘计算，并没有提到矩阵有多大规模、是否稀疏等。若矩阵是稀疏的，在计算时可以采用一些矩阵压缩存储方法，但依然可能存在一台服务器放不下整个矩阵的情况，比如 Google 检索的词表矩阵。因此，我们就需要将一个矩阵放到多台服务器上。假定需要 10 台服务器存放矩阵，那么如何对这些矩阵进行矩阵相乘计算呢？

不妨设第一个矩阵是 A_{mn}，第二个矩阵是 B_{nk}，结果矩阵是 C_{mk}。首先，我们需要将第一个矩阵 A 拆分成 10 等份：$A_1, A_2, A_3, \cdots, A_{10}$，以便于计算。矩阵 A_i（其中 $i=1,2,3,\cdots,10$）的每一行列数不变，依然是 n，但只有 $m/10$ 行，如图 5-2 所示。

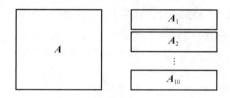

图 5-2　A_{mn} 矩阵按列分割成 10 个大小为 $A_{(m/10)n}$ 的子矩阵

因此，将子矩阵 $A_1, A_2, A_3, \cdots, A_{10}$ 分别和矩阵 B 相乘，得到结果矩阵 C 所对应的每个 $(1/10)$ 部分，我们不妨将其设为 $C_1, C_2, C_3, \cdots, C_{10}$。那么每一台存放 A_i 的服务器都可以计算出一个矩阵 C 的子矩阵 C_i，如图 5-3 所示。

$$ \boxed{A_i} \times \boxed{B} = \boxed{C_i} $$

图 5-3　第 i 台服务器完成的计算

那么，问题来了。既然一台服务器存不下矩阵 A，那矩阵 B 和矩阵 A 同样大，一台服务器当然也存不下。所以，下面我们还需要拆分矩阵 B，同样地，不妨将 B 拆分成 10 个子矩阵 $B_1, B_2, B_3, \cdots, B_{10}$，依次存放在 10 台服务器上，每台服务器存储矩阵 B 的 1/10。如果将 A_i 和 B_j 相乘，就能得到原来 C_i 的 1/10，不妨记作 C_{ij}，最后，将这些分散在各个服务器上的 $C_{i,j}(j \in [1,10])$ 进行合并，就会还原子矩阵 C_i，如图 5-4 所示。

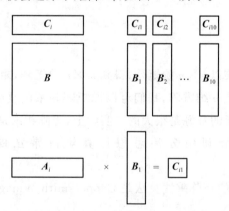

图 5-4　第 i 台服务器的工作被分配到 10 台服务器中的计算

接下来,我们根据不同的服务器资源情况来讨论应对的不同方法。假如我们只有 10 台服务器,每台服务器能够存放矩阵 $\boldsymbol{A}$ 和矩阵 $\boldsymbol{B}$ 的 1/10,以及结果矩阵 $\boldsymbol{C}$ 的 1/10,不妨设第 i 台服务器存放 $\boldsymbol{A}_i$ 和 $\boldsymbol{B}_i$,同时存放结果 $\boldsymbol{C}_i$。那么怎么计算呢?

我们采取的方法如下:

① 在每一台服务器上计算 $\boldsymbol{C}_{ii}$;

② 依次将子矩阵 $\boldsymbol{B}_i$ 传递到下一台服务器,即第 $i+1$ 台服务器上;

③ 在每一台服务器上计算 $\boldsymbol{C}_{i(i+1)}$。

依此类推,将矩阵 $\boldsymbol{B}_i$ 依次传递到每一台服务器上进行计算,即可完成 $\boldsymbol{C}_1,\boldsymbol{C}_2,\boldsymbol{C}_3,\cdots,\boldsymbol{C}_{10}$ 的计算。

可以看出,上述方案每计算完一个单元,就需要不断地传递数据到各个服务器上,这对通信资源是一种消耗,也会降低计算效率。那么如果我们有 100 台服务器资源呢,是不是有更加快速的方法?

下面是在 100 台服务器资源下采取的方法,也是目前 Google 著名的 MapReduce 算法采取的方法。我们可以将 $\boldsymbol{A}_1,\boldsymbol{A}_2,\boldsymbol{A}_3,\cdots,\boldsymbol{A}_{10}$ 和 $\boldsymbol{B}_1,\boldsymbol{B}_2,\boldsymbol{B}_3,\cdots,\boldsymbol{B}_{10}$ 每一个矩阵复制 10 份,分别保存到 100 台服务器中(如图 5-5 所示)进行计算,那么整个计算效率比 10 台服务器**快 10 倍**。由于每一台服务器只有原来 1/10 的计算量,所以总计算量不变。

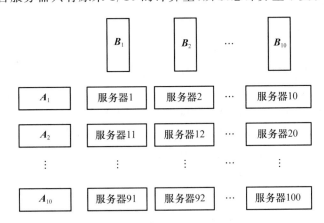

图 5-5　用 100 台服务器实现大规模矩阵计算

扩展: 若服务器的资源增加至 1 000 台,该如何进行大规模矩阵分布式计算呢? 能否进一步缩短计算时间?

2. 算法实践——分布式计算

(1) 数学建模

根据前述分析,整个工作分成三部分:一是将一个大任务拆分成子任务,这个过程是 Map,相当于分治算法中的分割;二是完成子任务;三是将中间结果合并成最终结果,这个过程叫作 Reduce,相当于分治算法中的合并。

当然,如何自动拆分一个大矩阵,保证各台服务器负载均衡,以及如何合并返回值,就是 MapReduce 在工程上的考虑,这里我们假设所有服务器负载一致,将 Map 和 Reduce 这两个工程分别进行自动实现。

（2）编程方法

为了节省空间，Map 和 Reduce 都需要使用如下库文件：

```
# include < iostream >
# include < cstdio >
# include < vector >
# include < map >
# include < algorithm >
using namespace std;
```

首先，实现 Map 功能。该功能为独立运行程序，为了方便实现这里我们使用了 STL 中的一些类，请参考相应的文档进行学习。

```
void map()
{
    int x = 0;
    char tag;
    cin >> tag;
    getchar();
    string line;
    while(getline(cin,line)){
        vector < string > vc;
        string tmp = "";
        for(int i = 0;i < line.length();i ++ ){
            if(line[i] ==''){               //遇到空格,保存当前数字到 vc 中
                vc.push_back(tmp);
                tmp = "";
            }
            else    tmp = tmp + line[i];
        }
        vc.push_back(tmp);
        for(int i = 0;i < vc.size();i ++ ){
            if(vc[i] == "0")               //遇到 0,不输出
                continue;
            if(tag =='A')    cout << i <<" A "<< x <<" "<< vc[i]<< endl;
            else                cout << x <<" B "<< i <<" "<< vc[i]<< endl;
        }
        x ++ ;
    }
}
int main()
```

```
{
    map();
    return 0;
}
```

该程序运行两次,分别输入矩阵 A 和 B,运行结果如下。

第一次运行,输入矩阵 A。

输入：

A

1 2 3

4 5 0

7 8 9

10 11 12

输出：

0 A 0 1

1 A 0 2

2 A 0 3

0 A 1 4

1 A 1 5

0 A 2 7

1 A 2 8

2 A 2 9

0 A 3 10

1 A 3 11

2 A 3 12

第二次运行,输入矩阵 B。

输入：

B

10 15

0 2

11 9

输出：

0 B 0 10

0 B 1 15

1 B 1 2

2 B 0 11

2 B 1 9

然后，实现 Reduce 功能。该功能也是独立运行程序，其中程序的输入是 Map()函数的两个矩阵的输出，同时计算矩阵相乘的结果，并输出。

```cpp
typedef pair < int ,int > PII;
typedef map < PII , int > MPPII;
void reduce()
{
    string line;
    MPPII mpA,mpB,ans;
    while(getline(cin,line)){
        vector < int > vc;
        int tmp = 0;
        for(int i = 0;i < line.length();i ++ ){
            if(line[i] == ' '){
                vc.push_back(tmp);
                tmp = 0;
            }
            else    tmp = tmp * 10 + line[i] - '0';
        }
        vc.push_back(tmp);
        if(vc[1] + '0' == 'A')    mpA[make_pair(vc[0],vc[2])] = vc[3];
        else                      mpB[make_pair(vc[0],vc[2])] = vc[3];
    }
    MPPII::iterator it1,it2;
    for(it1 = mpA.begin();it1 != mpA.end();it1 ++ ){
        for(it2 = mpB.begin();it2 != mpB.end();it2 ++ ){
            if(it1 -> first.first == it2 -> first.first)
    ans[make_pair(it1 -> first.second, it2 -> first.second)] += (it1 ->
    second) * (it2 -> second);
        }
    }
    for(it1 = ans.begin();it1 != ans.end();it1 ++ )
        cout <<(it1 -> first.first)<<" "<<(it1 -> first.second)<<" "<< it1 ->
        second << endl;
}
int main()
{
```

```
        reduce();
        return 0;
    }
```

运行输出结果如下：

```
0 0 43
0 1 46
1 0 40
1 1 70
2 0 169
2 1 202
3 0 232
3 1 280
```

5.3　矩阵应用——BMP 图像处理

5.3.1　BMP 文件结构分析

计算机处理的数字图像通常由采样点的颜色值表示，每个采样点叫作一个像素（pixel）。因此，数字图像在计算机中往往以矩阵的形式存储和操作。图像文件因其图像存储格式不同而有不同的文件扩展名，其中最常见的图像格式是位图文件，文件扩展名为".BMP"。本节通过分析对位图文件的处理，使读者了解矩阵的基本操作及其在数字图像处理中的应用。

数字图像中的每个像素值通常用对应的颜色值来表示，颜色值的范围决定了图像的颜色深度。下面介绍几种常见的图像。

① 单色图像：图像中每个像素只需要一个比特存储空间，其值为"0"或"1"，例如"0"代表黑，"1"代表白。

② 灰度图像：一般有 256 级灰度，因此图像中每个像素的灰度值由 8 个比特组成。

③ 伪彩色图像：类似于灰度图像，每个像素值由一个字节组成，因此共有 256 种颜色，每个像素值代表一种颜色，其对应关系一般通过图像颜色表来映射。伪彩色图像基本具有照片的效果，比较真实。通常将 256 级灰度和伪彩色图像称为 8 位位图图像。

④ 24 位真彩色图像：图像中每个像素值由 3 个字节表示，3 个字节分别代表红、绿、蓝 3 个分量，取值为 0～255。由于每个像素反映的颜色可以通过红、绿、蓝 3 个分量直接表示，因此这种图像一般不再需要图像颜色表。24 位真彩色图像具有更多的颜色，因此图像效果更为逼真，可以完全达到照片的效果。

BMP 文件可以存储上述各种类型的图像。基本的 BMP 文件结构一般由文件头、信息头、颜色表和图像数据 4 部分构成，如图 5-6 所示。

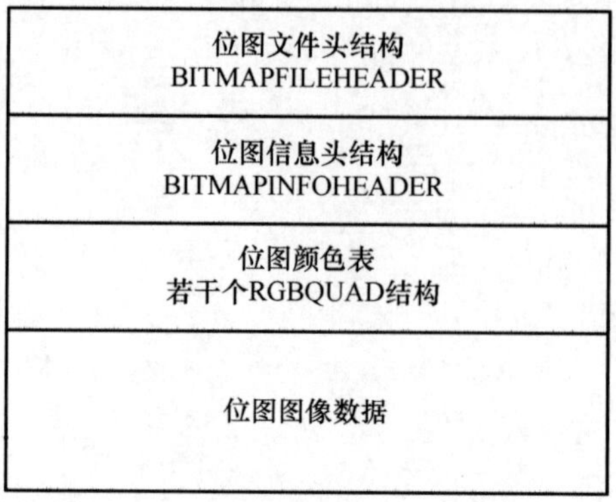

图 5-6 位图结构

下面给出上述 4 部分结构的定义，其中的数据类型直接采用 Visual C++中的类型形式，如 WORD、DWORD 等，这些类型的定义如下：

typedef unsigned short WORD;

typedef unsigned long DWORD;

typedef long LONG;

typedef unsigned char BYTE;

位图文件头结构包含 BMP 文件的类型、文件大小和位图起始位置等信息。该结构定义如下：

```
typedef struct tagBITMAPFILEHEADER {
    WORD    bfType;    //位图文件的类型，两字节，必须为 BM 两字符的 ASCII，即 0X4D42
    DWORD   bfSize;    //位图文件的大小，以字节为单位
    WORD    bfReserved1;    //保留字，必须为 0
    WORD    bfReserved2;    //保留字，必须为 0
    DWORD   bfOffBits;     //位图数据的起始位置，即相对于位图文件头的偏移量
} BITMAPFILEHEADER;
```

位图信息头结构用于说明位图的宽度、高度、颜色深度等信息。该结构定义如下：

```
typedef struct tagBITMAPINFOHEADER{
    DWORD   biSize;          //本结构所占用的字节数
    LONG    biWidth;         //位图的宽度
    LONG    biHeight;        //位图的高度
    WORD    biPlanes;        //目标设备的级别，必须为 1
    WORD    biBitCount;      //每个像素所需的位数，一般为 1(双色)、4(16 色)、
                              8(256 色)或 24(真彩色)等
    DWORD   biCompression;   //压缩类型，一般为 0(不压缩)、1(BI_RLE8 压缩)、
                              2(BI_RLE4 压缩)
    DWORD   biSizeImage;     //位图的大小，以字节为单位
```

```
    LONG    biXPelsPerMeter;    //位图水平分辨率(每米像素数)
    LONG    biYPelsPerMeter;    //位图垂直分辨率(每米像素数)
    DWORD   biClrUsed;          //位图实际使用的颜色表中的颜色数
    DWORD   biClrImportant;     //位图显示过程中重要的颜色数
} BITMAPINFOHEADER;
```

在该结构中,biBitCount 决定了图像的颜色数,biCompression 定义了压缩类型,在后续的例子中,我们假定图像没有进行压缩,即 biCompression=0。

位图颜色表用于说明每种像素值代表的颜色。每种颜色的定义都采用 RGBQUAD 结构说明,因此颜色表由若干 RGBQUAD 结构的表项构成。该结构定义如下:

```
typedef struct tagRGBQUAD {
    BYTE    rgbBlue;        //蓝色的亮度(范围 0~255)
    BYTE    rgbGreen;       //绿色的亮度(范围 0~255)
    BYTE    rgbRed;         //红色的亮度(范围 0~255)
    BYTE    rgbReserved;    //保留字,必须为 0
} RGBQUAD;
```

显然,当 biBitCount=1 时,图像为单色图像,位图颜色表只需要包含 2 个 RGBQUAD 结构的表项;当 biBitCount=4、8 时,颜色表只需要包含 16、256 个表项;而当 biBitCount=24 时,图像为真彩色图像,每个像素有 24 bit,可以准确地表达颜色信息,因此不需要位图颜色表。

有时表示图像时可能不需要使用所有的颜色,例如对于 8 位位图图像,最多可以有 256 种颜色,而如果图像中只使用了少量颜色,则颜色表可以只包含实际使用的颜色,这样表项数量减少,需要用 biClrUsed 字段指明具体的表项数量,否则将其设置为 0,说明表项数量是满的。颜色表中常常将重要的颜色排在前面。

下面介绍位图图像数据的存储形式。如前所述,位图数据可看作矩阵。在存储时,位图数据按各行自下而上、每行自左到右记录了其每一个像素值,因此图像存储时是上下颠倒的。每个像素所占的字节数因颜色深度不同而不同。

① 当 biBitCount=1 时,图像为单色图像,8 个像素占用 1 个字节。

② 当 biBitCount=4 时,图像为 16 色图像,2 个像素占用 1 个字节。

③ 当 biBitCount=8 时,图像为 256 色图像,1 个像素占用 1 个字节。

④ 当 biBitCount=24 时,图像为真彩色图像,1 个像素占用 3 个字节。

8 位位图数据紧跟在位图颜色表的后面,每个像素的值代表了其颜色在位图颜色表中的索引。数据可以不压缩,也可以采用游程编码(RLE)进行压缩。图像数据以行为单位进行存储,每行像素存储所占的字节数必须为 4 的倍数,不足时将多余位用"0"填充。真彩色图像每个像素占 3 字节,从左到右每个字节分别为蓝、绿、红的颜色值,每行像素存储所占的字节数若不是 4 的倍数则用"0"进行填充。

至此,BMP 基本文件格式分析完毕。下面将设计操作 BMP 文件的类 CDib,从而实现文件的建立、载入和保存等操作。下面给出该类的一个简单设计:

```
class CDib
{
public：
    CDib();                                        //默认构造函数
    ~CDib();                                       //析构函数
    bool Load(const char * filename);             //打开 BMP 文件
    bool Save(const char * filename);             //保存 BMP 文件
    bool Create(int nWidth, int nHeight, int nColor);   //建立默认 BMP 结构
    void Circle();                                 //以图像中心为圆心画圆
private：
    void SetPixelColor(int i,int j);              //画圆时设置像素点(i,j)的颜色
    int GetNumberOfColors();                       //获取颜色表的表项数目
    void SetColor(RGBQUAD * rgb,BYTE r,BYTE g, BYTE b);   //设置颜色表项
    BITMAPFILEHEADER m_BitmapFileHeader;          //BMP 文件头结构
    BITMAPINFOHEADER * m_pBitmapInfoHeader;       //指向 BMP 文件信息结构
    RGBQUAD * m_pRgbQuad;                          //指向颜色表
    BYTE * m_pData;                                //像素阵列
    BYTE * pDib;
};
```

通过前面的分析可知，位图文件的结构分为 4 部分。在 CDib 类中，成员 m_BitmapFileHeader 存储文件头结构的数据，m_pBitmapInfoHeader 指向文件信息结构，m_pRgbQuad 指向颜色表，m_pData 指向位图数据（像素阵列）部分，位图文件的后三部分数据在存储时可放在一块连续空间中，pDib 指向该空间。

CDib 类的 Load 函数用于打开一个 BMP 文件。读取文件数据时，首先将文件头写入到 m_BitmapFileHeader 成员中，然后将文件的后三部分数据写入到 pDib 指向的空间中，并将类中的其他指针成员指向空间中相应的位置。该函数实现如下：

```
bool CDib::Load(const char * filename)
{
    ifstream ifs(filename,ios::binary);           //打开文件
    ifs.seekg(0,ios::end);                        //文件指针指向文件末尾
    int size = ifs.tellg ();                      //得到文件大小
    ifs.seekg (0,ios::beg);                       //文件指针指向文件头
    ifs.read((char * )&m_BitmapFileHeader,sizeof(BITMAPFILEHEADER));
                                                   //读取位图文件头结构
    if (m_BitmapFileHeader.bfType ! = 0x4d42){
        throw "文件类型不正确!";
        return false;
    }
```

```
if (size != m_BitmapFileHeader.bfSize){
    throw "文件格式不正确!";
    return false;
}
pDib = new BYTE [size - sizeof (BITMAPFILEHEADER)];//用于存储文件后三部分数据
if (!pDib){
    throw "内存不足!";
    return false;
}
ifs.read ((char *)pDib, size - sizeof (BITMAPFILEHEADER));
                                    //读取文件后三部分数据
m_pBitmapInfoHeader = (BITMAPINFOHEADER *) pDib;
m_pRgbQuad = (RGBQUAD *) (pDib + sizeof(BITMAPINFOHEADER));
int colorTableSize = m_BitmapFileHeader.bfOffBits - sizeof(BITMAPFILEHEADER)
                - m_pBitmapInfoHeader -> biSize;
int numberOfColors = GetNumberOfColors();//获取颜色数目
if (numberOfColors * sizeof(RGBQUAD) != colorTableSize) {//校验文件结构
    delete [] pDib;
    pDib = NULL;
    throw "颜色表大小计算错误!";
    return false;
}
m_pData = pDib + sizeof(BITMAPINFOHEADER) + colorTableSize;
return true;
}
```

Load 函数调用了 GetNumberOfColors 函数,用于获得颜色数目。GetNumberOfColors 函数实现比较简单,其定义如下:

```
int CDib::GetNumberOfColors()
{
    int numberOfColors = 0;
    if (m_pBitmapInfoHeader -> biClrUsed)    //信息头中定义了颜色表的项目数
        numberOfColors = m_pBitmapInfoHeader -> biClrUsed;
    else {
        switch (m_pBitmapInfoHeader -> biBitCount){
        case 1: numberOfColors = 2; break;    //单色图像
        case 4: numberOfColors = 16; break;   //16 色图像
        case 8: numberOfColors = 256;         //256 色图像
        }
```

```
        }
        return numberOfColors;
}
```

CDib 类的 Create 函数用于建立一个简单的 BMP 文件结构。该函数首先设置文件头结构变量 m_BitmapFileHeader，然后建立存储文件后三部分的空间，并将相应数据写入。其定义如下：

```
bool CDib::Create(int nWidth, int nHeight, int nColor)//建立默认 BMP 文件结构
{
        if (pDib) delete [] pDib;
        //设置颜色表的大小,在这里 16 色和 256 色图像在颜色表中均设置 8 种颜色
        int colorTableSize = 0;
        if (nColor == 1)
                colorTableSize = 2 * sizeof (RGBQUAD);
        else if(nColor == 4 || nColor == 8)
                colorTableSize = 8 * sizeof (RGBQUAD);
        else nColor = 24;
        int bytePerLine = ((nWidth * nColor + 31)/32) * 4; //计算每行占用的字节数
        int dataSize = nHeight * bytePerLine;              //计算所有像素占用的字节
        //设置文件头结构
        m_BitmapFileHeader.bfType = 0x4d42;
        m_BitmapFileHeader.bfReserved1 = 0;
        m_BitmapFileHeader.bfReserved2 = 0;
        m_BitmapFileHeader.bfOffBits = sizeof(BITMAPFILEHEADER) + sizeof
                                        (BITMAPINFOHEADER) + colorTableSize;
        m_BitmapFileHeader.bfSize = m_BitmapFileHeader.bfOffBits + dataSize;
        //建立存储 BMP 文件后三部分结构的空间
        pDib = new BYTE[m_BitmapFileHeader.bfSize - sizeof(BITMAPFILEHEADER)];
        if (!pDib) return false;
        //设置文件信息头结构
        m_pBitmapInfoHeader = (BITMAPINFOHEADER * ) pDib;
        m_pBitmapInfoHeader -> biSize = sizeof(BITMAPINFOHEADER);
        m_pBitmapInfoHeader -> biBitCount = nColor;
        m_pBitmapInfoHeader -> biClrImportant = 1;
        m_pBitmapInfoHeader -> biClrUsed = colorTableSize/sizeof (RGBQUAD);
        m_pBitmapInfoHeader -> biCompression = 0;
        m_pBitmapInfoHeader -> biPlanes = 1;
        m_pBitmapInfoHeader -> biSizeImage = dataSize;
        m_pBitmapInfoHeader -> biXPelsPerMeter = 1024;
```

```
m_pBitmapInfoHeader -> biYPelsPerMeter = 1024;
m_pBitmapInfoHeader -> biHeight = nHeight;
m_pBitmapInfoHeader -> biWidth = nWidth;
//设置像素数据指针
m_pData = pDib + m_BitmapFileHeader. bfOffBits - sizeof(BITMAPFILEHEADER);
//设置颜色表
m_pRgbQuad = (RGBQUAD * )(pDib + sizeof (BITMAPINFOHEADER));
switch (nColor)
{
case 1: //单色图像,只有 2 种颜色
    SetColor(m_pRgbQuad,0xff,0xff,0xff); //索引值为 0 的颜色为白色
    SetColor(m_pRgbQuad + 1,0,0,0);        //索引值为 1 的颜色为黑色
    memset(m_pData,0x00,dataSize); //设置图像中每个像素颜色索引值为 0
    break;
case 4: //在这里只定义 8 种颜色:0xffffff,0xffff00,0xff00ff,0xff0000,
case 8: //0x00ffff,0x00ff00,0x0000ff,0x000000
    for (int i = 0;i < 2;i ++ ){
        for (int j = 0;j < 2;j ++ )
            for (int k = 0;k < 2;k ++ )
                SetColor(m_pRgbQuad + 7 - i * 4 - j * 2 - k,i * 255,j * 255,k * 255);
    }
    memset(m_pData,0x00,dataSize); //设置图像中每个像素颜色索引值为 0
    break;
default:
    memset(m_pData,0xff,dataSize); //设置真彩色图像每个像素均为白色
}
return true;
}
```

Create 函数调用了 SetColor 函数,用于定义颜色表项的颜色。SetColor 函数在这里实现如下:

```
void CDib::SetColor(RGBQUAD * rgb,BYTE r,BYTE g, BYTE b) // 设置颜色表项
{
    if (rgb){
        rgb -> rgbRed = r;
        rgb -> rgbGreen = g;
        rgb -> rgbBlue = b;
        rgb -> rgbReserved = 0;
    }
```

```
        else throw "表项不存在";
    }
```

CDib 类中的 Save 函数用于保存 BMP 文件。Save 函数定义如下：

```
bool CDib::Save(const char * filename)
{
    if (!pDib) return false;
    ofstream ofs(filename,ios::binary);
    if (ofs.fail()) return false;
    //写位图文件头结构
    ofs.write((char * )&m_BitmapFileHeader,sizeof(BITMAPFILEHEADER));
    //写其他部分
    ofs.write((char * )pDib,m_BitmapFileHeader.bfSize - sizeof(BITMAPFILEHEADER));
    ofs.close ();
    return true;
}
```

Circle 函数用于在图像中画一个圆，圆心在图像中心。该函数定义如下：

```
void CDib::Circle()                    //以中心为圆心画圆
{
    int nWidth = m_pBitmapInfoHeader -> biWidth;
    int nHeight = m_pBitmapInfoHeader -> biHeight;
    int nColor = m_pBitmapInfoHeader -> biBitCount;
    int x = nWidth / 2;                //圆心横坐标
    int y = nHeight / 2;               //圆心纵坐标
    int radius = x > y? y - 2:x - 2;   //设置圆半径
    for (int i = 0;i < nWidth;i ++ ){
        for (int j = nHeight - 1;j > = 0;j -- ){
            int dist = (x - i) * (x - i) + (y - j) * (y - j);//点(i,j)到圆心的距离平方
            if (dist > (radius - 1) * (radius - 1) && dist < (radius + 1) * (radius + 1))
                SetPixelColor(j,i);
        }
    }
};
```

Circle 函数调用 SetPixelColor 函数，在图像中给定点上画颜色。SetPixelColor 函数定义如下：

```
void CDib::SetPixelColor(int i,int j) //在点(i,j)上画颜色
{
    int nWidth = m_pBitmapInfoHeader -> biWidth;
```

```
int nColor = m_pBitmapInfoHeader -> biBitCount;
int bytePerLine = ((nWidth * nColor + 31)/32) * 4;
switch (nColor)
{
case 1:                          //单色图像,颜色索引值为1
    m_pData[ i * bytePerLine + j/8 ] | = (1 <<(7 - j % 8));
    break;
case 4:                          //16色图像,颜色索引值为7
    m_pData[ i * bytePerLine + j/2 ] & = (0x0f <<(4 * (j % 2)));
    m_pData[ i * bytePerLine + j/2 ] | = (0x07 <<(4 * (1 - j % 2)));
    break;
case 8:                          //256色图像,颜色索引值为7
    m_pData[ i * bytePerLine + j ] = 7;
    break;
default:                         //真彩色图像,颜色直接设置为黑色
    BYTE * p = m_pData + i * bytePerLine + j * 3 ;
    * p = * (p + 1) = * (p + 2) = 0;
}
}
```

CDib 类在处理 BMP 文件结构时,主要数据都存放在 pDib 指向的堆内存中,因此需要在构造函数中对其初始化,在析构函数中将其释放:

```
CDib::CDib()
{
    pDib = NULL;
}
CDib::~CDib()
{
    if (pDib) delete [] pDib;
}
```

至此,一个简单的处理 BMP 文件的 CDib 类设计完成。通常将结构类型定义、类定义等存储到 CDib.h 文件中,将类中各个函数的定义存储到 CDib.cpp 中,由于涉及结构类型数据到文件的存取,因此应在 CDib.h 文件的开始加入如下预处理代码:

```
#pragma pack (1)
```

读者也可以根据需要对该类进行扩充。下面给出一段利用 CDib 类操作文件的例子:

```
int nWidth = 200;                //定义图像宽度
int nHeight = 100;               //定义图像高度
int nColor = 4;                  //定义图像颜色深度
```

```
CDib a;                            //定义类对象
a.Create(nWidth,nHeight,nColor);   //建立空 BMP 文件结构
a.Circle();                        //画圆
a.Save("Circle200_100_4.bmp");     //保存文件
if (a.Load("test.bmp")){           //打开指定文件
    a.Circle(); //在新打开的图像上画圆,注意颜色使用了原图像的调色板
    a.Save("Circletest.bmp");      //保存文件
}
```

5.3.2　简单图像处理——平滑技术

人们拍摄或扫描的图像一般会因受到某种干扰而含有噪声。引起噪声的原因有很多,例如敏感元器件的内部噪声、感光材料的颗粒噪声、热噪声、电器机械运动产生的抖动噪声、传输信道的干扰噪声、量化噪声等。噪声产生的原因决定了噪声的分布特性以及它和图像信号之间的关系,这些噪声恶化了图像质量,使图像模糊,往往导致计算机在进行图像分析时比较困难。

图像平滑的目的就是减少和消除图像中的噪声,以改善图像质量,有利于抽取对象特征进行分析。经典的平滑技术对噪声图像使用局部算子,当对某一个像素进行平滑处理时,仅对它的局部小邻域内的一些像素进行处理,其优点是计算效率高,而且可以对多个像素并行处理。近年来出现了一些新的图像平滑处理技术,结合人眼的视觉特性,运用模糊数学理论、小波分析、数学形态学、粗糙集理论等新技术进行图像平滑,取得了较好的效果。在这里,我们只介绍一种最简单的邻域平均法。

邻域平均法是一种空间域局部处理算法。对于位置(i,j)处的像素,其灰度值为$f(i,j)$,平滑后的灰度值为$g(i,j)$,则$g(i,j)$由包含(i,j)邻域的若干个像素的灰度平均值所决定,即用下式得到平滑的像素灰度值:

$$g(i,j) = \frac{1}{M} \sum_{(x,y) \in A} f(x,y)$$

其中,A表示以(i,j)为中心的邻域点的集合,M是A中像素点的总数。对于 4 邻域点,M取 5,即采用 5 个点进行平滑,在实际应用中也可根据需要改变各个点的权值。图 5-7 展示了 4 个邻域点和 8 个邻域点的集合。

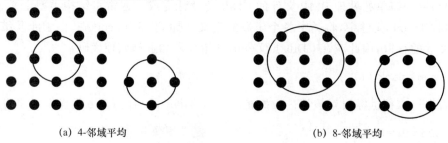

　　(a) 4-邻域平均　　　　　　　　　　　　　　　　(b) 8-邻域平均

图 5-7　邻域平均法示意图

下面分析邻域平均法的算法设计。设灰度图像的宽度和高度分别为 nWidth 和 nHeight，原始图像倒置存储在数组 pData[ ]中，数组长度为 nWidth×nHeight。数组中的每个元素对应一个像素，占 1 个字节。图像平滑后的数据存储到 pNewData[ ]数组中，数组大小与原数组相同。对于边界上的像素，采用其可用的邻近点进行平滑。例如对于 4-邻域平均法，左上角的像素点在平滑时只能用 3 个点进行平滑，即像素点自身、左侧点、下侧点。下面给出 4-邻域平均法的算法实现。

```
//4-邻域平均算法
bool Smooth4 (const unsigned char * pData, unsigned char * pNewData, int nWidth,
int nHeight)
{
    if (nWidth < 2 || nHeight < 2) return false;
    if (! pData || ! pNewData) return false;
    //对四个角进行平滑
    int pixel = 0;                        //矩阵左上角,实际为图像左下角像素
    pNewData[pixel] = (pData[pixel] + pData[pixel + 1] + pData[pixel + nWidth])/3;
    pixel = nWidth - 1;                   //矩阵右上角,实际为图像右下角像素
    pNewData[pixel] = (pData[pixel] + pData[pixel - 1] + pData[pixel + nWidth])/3;
    pixel = nWidth * (nHeight - 1);       //矩阵左下角,实际为图像左上角像素
    pNewData[pixel] = (pData[pixel] + pData[pixel - nWidth] + pNewData[pixel + 1])/3;
    pixel = nWidth * nHeight - 1;         //矩阵右上角,实际为图像右下角像素
    pNewData[pixel] = (pData[pixel] + pData[pixel - 1] + pData[pixel - nWidth])/3;
    //对上下左右四个边界进行平滑
    int i,last;
    last = nWidth - 1;
    for (i = 1;i < last;i + +)            //矩阵上边界,实际为图像下边界
        pNewData[i] = (pData[i] + pData[i - 1] + pData[i + 1] + pData[nWidth + i])/4;
    last = nWidth * nHeight - 1;
    for (i = nWidth * (nHeight - 1) + 1;i < last;i + +)//下边界,实际为图像上边界
        pNewData[i] = (pData[i] + pData[i - 1] + pData[i + 1] + pData[i - nWidth])/4;
    last = nWidth * (nHeight - 1);
    for (i = nWidth;i < last;i + = nWidth)  //左边界,实际为图像右边界
        pNewData[i] = (pData[i] + pData[i - nWidth] + pData[i + nWidth] + pData[i + 1])/4;
    last = nWidth * nHeight - 1;
    for (i = nWidth * 2 - 1;i < last;i + = nWidth)    //右边界,实际为图像左边界
        pNewData[i] = (pData[i] + pData[i - nWidth] + pData[i + nWidth] + pData[i - 1])/4;
    //对其他像素平滑
    for (i = 1;i < nHeight - 1;i + +){
        for (int j = 1;j < nWidth - 1;j + +){
            pixel = i * nWidth + j;
```

$$pNewData[pixel] = (pData[pixel] + pData[pixel - nWidth] + pData[pixel$$
$$+ nWidth] + pData[pixel - 1] + pData[pixel + 1])/5 ;$$

```
        }
    }
    return true;
}
```

思考: 如何修改上述代码,实现 8-邻域平均算法?

图 5-8 给出了平滑效果示意图。邻域平均法的平滑效果与所使用的邻域半径大小有关,半径越大,平滑图像的模糊程度越大。邻域平均法的优点在于算法简单、计算速度快,主要缺点是在降低噪声的同时使图像产生模糊,特别是在边缘和细节处,邻域越大,模糊越厉害。

(a) 原图　　　　　　　　　(b) 4-邻域平滑　　　　　　　　(c) 8-邻域平滑

图 5-8　平滑效果示意图

本 章 小 结

本章通过两个问题来说明了利用计算思维解决同一问题时思考的全过程。总和最大区间问题是一个典型的单机问题,本章从运行效率出发,探索了通过不同角度解决问题的思路和效果,三重循环、二重循环、分治法、正反扫描法、动态规划非常值得借鉴。矩阵问题是目前大数据领域中的底层问题,一个矩阵的运算可以是图像、文本、任何数据进行编码之后的运算,通过由单机计算扩展到分布式计算的解决方法,读者可以感受到矩阵分解在大数据、云计算领域中发挥的极致作用。我们在进行架构设计时,必须具备大数据思维,以更好地处理数据。

第6章
计算思维与智能控制

本章以电梯调度和俄罗斯方块游戏为例,主要用来学习如何灵活运用C++和数据结构所学知识,包括类的使用、STL的使用、线性表的操作等,编写带有人机交互的游戏操作,以及学习以下程序设计知识和技巧:①学习MVC设计方法,即如何有效地设计一个具有复杂逻辑的完整游戏;②学习键盘操控、多线程、API封装、AI操作规则等常用编程方法和技巧。

本章的内容能够使学生基本了解复杂程序的设计过程,从而能够基于规则的人机对战编程方法自行扩展编程,实现五子棋、象棋等人机对战游戏。

6.1 电梯调度分析

图 6-1 彩图

（1）问题分析

电梯调度分析自然要从最简单的单电梯场景开始。

① 电梯状态:电梯状态可以分为空闲、开门、上下移动3种状态。

② 楼层:一般有2种情况,一种是1～n层,没有地下;另一种是1～n层和$-m$～-1层,有地下m层。在不影响核心研究内容的前提下,默认只考虑第一种情况,即1～n层,没有地下。

③ 电梯输入:电梯外输入一般有2种情况,一种是上下按钮,另一种是楼层数值按钮。电梯内输入都是直接按楼层。

图 6-1 所示为电梯调度人机交互界面示例。

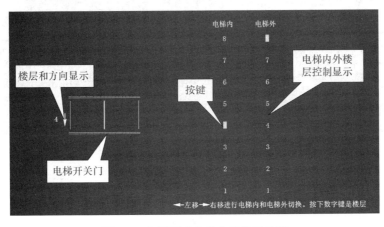

图 6-1　电梯调度人机交互界面示例

（2）比较容易想到的控制算法

常用的调度算法,比如先来先服务算法（First Come First Serve,FCFS）、最短寻找时间优先算法（Shortest Search Time First，SSTF）、扫描算法（SCAN）,都是和操作系统的调度算法相通的。先来先服务算法会造成电梯服务效率很低,最短寻找时间优先算法会造成饥饿等待,针对电梯控制这两个调度算法都是不可取的。所以,电梯都是基于扫描算法进行优化的。

那么,电梯调度控制的难点是什么呢？电梯调度控制的难点主要就是电梯按键需求输入后电梯的控制逻辑,也就是扫描算法要实现的具体流程。

电梯模拟界面显示也是一个额外的知识,该知识属于控制台应用程序开发,需要额外学习如何控制输出文字的颜色、位置等属性。因此,本章从文本界面开发的基础知识着手,首先,从一般控制步骤、控制台窗口操作、文本（字符）控制、滚动和移动光标、键盘和鼠标等几个方面讨论控制台窗口界面的编程控制方法;其次,讨论文字移动等编程技巧;最后,将上述技术和方法进行封装和设计,完成一个电梯调度控制的实现。

电梯调度控制的开发环境是 Dev C++,采用基于文本界面的控制台应用程序开发,学生借此可以更加深入地学习C++,掌握交互系统的实现方法。

6.2　俄罗斯方块游戏分析

图 6-2 彩图

俄罗斯方块是一个非常经典的桌面游戏,人机对战的玩法通常如图 6-2 所示,图中有两个独立的俄罗斯方块工作区,不妨设左边为人工操作,右边为机器操作,两个工作区中的方块以同样的方块序列落下,哪一方方块先到顶,即无法再继续放置方块则为输的一方。每个工作区的右边记录当前游戏的级别和分数,级别越高,则方块下落速度越快。

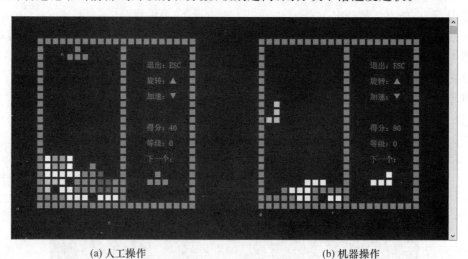

(a) 人工操作　　　　　　　　　　　　(b) 机器操作

图 6-2　俄罗斯方块

从算法角度来说,人机对战俄罗斯方块游戏的难点如下。

① 对于人工操作来说,其难点在于如何通过操作键盘的上（"↑"）、下（"↓"）、左

("←")、右("→")键来控制方块的旋转、下移、左移、右移等连续运动;重点在于键盘控制程序。

② 对于机器操作来说,难点在于如何评估当前状态,选择一种最合适的方式摆放方块;重点在于如何评估摆放方块的位置的算法。

③ 由于两个工作区同时工作,还需要考虑多线程和线程同步及互斥的问题。

此外,俄罗斯方块的界面显示即人机交互接口是该程序的一个难点,和电梯调度控制一样,建议使用控制台应用程序开发,从而完成一个俄罗斯方块游戏的实现。

本次人机对战俄罗斯方块游戏的开发环境是 Dev C++,采用基于文本界面的控制台应用程序开发,学生借此可以更加深入地学习C++,掌握交互系统的实现方法。

6.3　相关基础知识

6.3.1　控制台数据类型

本案例研究了深入控制 Windows 控制台的相关操作和应用,需要使用的相关数据类型和 API 全部包含在库文件< windows. h >中,该库文件主要用来描述 Windows 环境下常用的数据结构、宏和其他数据类型。

1) 通用数据类型

HANDLE:句柄,无符号的整型数,作为窗口的唯一标识 ID。

BOOL:逻辑,具体定义是 typedef int BOOL。

BYTE:字节,具体定义是 typedef unsigned char BYTE。

WORD:字,具体定义是 typedef unsigned short WORD。

DWORD:双字,具体定义是 typedef unsigned long DWORD。

2) 颜色标识

颜色标识用来控制 Windows 控制台的前景色和背景色,描述颜色的数据结构是 WORD,Windows 控制台目前仅支持以下 8 种前景色(普通和高亮)和 8 种背景色,如图 6-3 所示,分别定义如下。

图 6-3 彩图

图 6-3 控制台色彩定义

(1) 前景色

黑色:默认	0
蓝色:FOREGROUND_BLUE	1
绿色:FOREGROUND_GREEN	2
青色:FOREGROUND_BLUE｜FOREGROUND_GREEN	3

红色：FOREGROUNT_RED   4

紫色：FOREGROUND_BLUE｜FOREGROUND_RED   5

黄色：FOREGROUND_RED｜FOREGROUND_GREEN   6

白色：FOREGROUND_RED｜FOREGROUND_BLUE｜FOREGROUND_GREEN 7

高亮显示：FOREGROUND_INTENSITY   ＋8

（2）背景色

黑色：默认   0

蓝色：BACKGROUND_BLUE   1

绿色：BACKGROUND_GREEN   2

青色：BACKGROUND _BLUE｜BACKGROUND _GREEN   3

红色：BACKGROUND_RED   4

紫色：BACKGROUND _BLUE｜BACKGROUND _RED   5

黄色：BACKGROUND_RED｜BACKGROUND _GREEN   6

白色：BACKGROUND _RED｜BACKGROUND _BLUE｜BACKGROUND _GRE 7

高亮显示：BACKGROUND_INTENSITY   ＋8

6.3.2　常用系统函数

人机对战俄罗斯方块游戏需要用到一些键盘控制类函数、系统延时函数、随机数等函数，在使用之前需要添加如下头文件：＃include＜windows.h＞；＃include＜conio.h＞；＃include＜stdlib.h＞。

每个库文件包含的常用系统函数及功能如表 6-1 所示。

表 6-1　每个库文件包含的常用系统函数及功能

序号	库文件	通用函数	功能
1	conio.h	int kbhit(void)	检查是否有键盘输入，若有，则返回非 0 值，否则返回 0，非阻塞函数
2		int getch(void)	从键盘读取一个字符，不显示；返回字符 ASCII 码
3		int getche(void)	从键盘读取一个字符，显示在屏幕上；返回字符 ASCII 码
4	windows.h	void Sleep(DWORD n)	使程序休眠 n 毫秒
5	stdlib.h	srand(unsigned int seed)	随机数的种子函数
6		rand()	产生伪随机数序列

6.3.3　控制台相关的 API 及封装

控制台相关的 API 全部包含在头文件＜windows.h＞中，因此使用下列函数之前，需要添加如下代码：＃include＜windows.h＞。

1）窗口初始化 API

函数原型：HANDLE　GetStdHandle(DWORD　nStdHandle)。

　　GetStdHandle 是一个 Windows API 函数,它用于从一个特定的标准设备(标准输入 STD_INPUT_HANDLE、标准输出 STD_OUTPUT_HANDLE 或标准错误 STD_ERROR_HANDLE)中取得一个句柄。

　　例如:HANDLE　hOut = GetStdHandle(STD_OUTPUT_HANDLE)。

　　2) 颜色设置和光标操作 API

　　控制台窗口中设置文本颜色的函数是 SetConsoleTextAttribute(),该函数可以改变控制台的文本颜色。

```
函数原型:HANDLE   SetConsoleTextAttribute (   //设置文本颜色
                HANDLE   handle ,            // 句柄
                WORD   wColor);
```

　　控制台窗口中的光标反映了文本插入的当前位置,通过 SetConsoleCursorPosition() 函数可以改变这个"当前"位置,这样就能控制字符(串)输出。该函数用来移动命令行中光标的位置。这里要注意的是,每次调用这个函数时都是默认从左上角开始偏移,而与当前光标停留的位置无关。

```
函数原型:BOOL SetConsoleCursorPosition(      // 移动光标到指定位置
                HANDLE hConsoleOutput,        // 句柄
                COORD dwCursorPosition);
```

其中,窗口的坐标使用 COORD 结构体,具体是

```
typedef struct _COORD {
        SHORT X;
        SHORT Y;
 } COORD;
```

事实上,光标本身的大小和显示或隐藏也可以通过相应的 API 函数进行设定。

```
BOOL SetConsoleCursorInfo(                              // 设置光标信息
    HANDLE hConsoleOutput,                             // 句柄
    CONST CONSOLE_CURSOR_INFO * lpConsoleCursorInfo   // 光标信息
);
```

其中,CONSOLE_CURSOR_INFO 结构体定义如下:

```
typedef struct _CONSOLE_CURSOR_INFO {
        DWORD dwSize;          //光标百分比大小,范围为 1-100;
        BOOL bVisible;         //是否可见
 } CONSOLE_CURSOR_INFO, * PCONSOLE_CURSOR_INFO;
```

　　以上函数编写较为复杂,为了方便在程序中更好地使用上述函数,我们将函数进行了设计和封装,如表 6-2 所示,人机对战俄罗斯方块游戏中使用的界面显示相关的函数封装和功能如下。

表 6-2 函数封装和功能

序号	通用函数	功能
1	void setColor(int color)	设置颜色
2	void gotoXY(int x, int y)	指定 cout 的输出位置
3	void hideCursor()	隐藏光标

具体实现代码如下。

① 设置颜色

```cpp
void setColor(int color)
{
    SetConsoleTextAttribute(GetStdHandle(STD_OUTPUT_HANDLE), color);
}
```

② 指定位置输出

```cpp
void gotoXY(int x, int y)
{
    COORD c;
    c.X = x;
    c.Y = y;
    SetConsoleCursorPosition(GetStdHandle(STD_OUTPUT_HANDLE), c);
}
```

③ 隐藏光标

```cpp
void hideCursor()
{
    CONSOLE_CURSOR_INFO cursor_info = { 1, 0 };
    SetConsoleCursorInfo(GetStdHandle(STD_OUTPUT_HANDLE), &cursor_info);
}
```

6.3.4 多线程和互斥信号量

1) 多线程

C++11 引入了 thread 类,大大地降低了多线程使用的复杂度,原先使用多线程只能用系统的 API,无法解决跨平台问题,一套代码平台移植,对应的多线程代码也必须修改。在 C++11 中,只需使用语言层面的 thread 类便可以解决这个问题。使用该类时需要引入头文件。引入头文件的代码为:#include < thread >。

• 初始化构造函数。构造函数的代码如下:

```cpp
template< class Fn, class... Args >
```

```
explicit thread(Fn&& fn, Args&&... args);
```

创建 std::thread 执行对象,线程调用 threadFun 函数,函数参数为 args。

- get_id():获取线程 ID,返回类型 std::thread::id 对象。
- detach():detach 调用之后,目标线程就成为守护线程,驻留后台运行,与之关联的 std::thread 对象失去对目标线程的关联,无法再通过 std::thread 对象取得该线程的控制权。
- join():创建线程,执行线程函数,调用该函数会阻塞当前线程,直到线程执行完 join 才返回。

2) 互斥信号量

C++11 中新增了<mutex>,它是 C++标准程序库中的一个头文件,定义了 C++11 标准中的一些互斥访问的类与方法等。C++11 标准库定义了 4 个互斥类。

① std::mutex:该类表示普通的互斥锁,不能递归使用。

② std::timed_mutex:该类表示定时互斥锁,不能递归使用。

③ std::recursive_mutex:该类表示递归互斥锁。递归互斥锁可以被同一个线程多次加锁,以获得对互斥锁对象的多层所有权。std::recursive_mutex 释放互斥量时需要调用与该锁层次深度相同次数的 unlock(),即 lock()次数和 unlock()次数相同。可见,线程申请递归互斥锁时,如果该递归互斥锁已经被当前调用线程锁住,则不会产生死锁。

④ std::recursive_timed_mutex:带定时的递归互斥锁。

互斥类的最重要成员函数是 lock()和 unlock()。在进入临界区时,执行 lock()加锁操作,如果这时已经被其他线程锁住,则当前线程在此排队等待。退出临界区时,执行 unlock()解锁操作。人机对战俄罗斯方块游戏使用的 std::mutex 是 C++11 中最基本的互斥量,std::mutex 对象提供了独占所有权的特性,不支持递归地对 std::mutex 对象上锁。std::mutex 成员函数如下。

① 构造函数:std::mutex 不支持 copy 和 move 操作,最初的 std::mutex 对象处于 unlocked 状态。

② lock 函数:互斥锁被锁定。线程申请该互斥锁,如果未能获得该互斥锁,则调用线程将阻塞(block)在该互斥锁上;如果成功获得该互斥锁,则该线程一直拥有该互斥锁直到调用 unlock 解锁;如果该互斥锁已经被当前调用线程锁住,则产生死锁(deadlock)。

③ unlock 函数:解锁,释放调用线程对该互斥锁的所有权。

④ try_lock:尝试锁定互斥锁。如果互斥锁被其他线程占有,则当前调用线程也不会被阻塞,而是由该函数调用返回 false;如果该互斥锁已经被当前调用线程锁住,则会产生死锁。

6.3.5　编程技巧

1) 移动效果

文字在屏幕上移动的基本原理就是沿着一个方向以较短的时间间隔不断将文字写入不

同的位置,并及时擦除之前的文字,因此造成的视觉停留现象。编程时可以按照下面的步骤来达到移动的效果。

步骤 1:在某一个位置[x,y]写一遍文字。

步骤 2:延时 200 ms。

步骤 3:擦除[x,y]位置的文字。

步骤 4:改变 x 或 y 的坐标值。

重复以上 4 个步骤,则文字不断移动。

例 1:显示黄色俄罗斯方块　■■,并水平移动。
　　　　　　　　　　　　■■

```cpp
#include<iostream>
#include<windows.h>
#include<conio.h>
#include<stdlib.h>
using namespace std;
int main()
{
    HANDLE  hOut = GetStdHandle(STD_OUTPUT_HANDLE);  //控制台初始化
    hideCursor();
    setColor(6);              //设置方块颜色为黄色
    int x = 1, y = 10;        //设置移动起始位置
    for (int x = 1; x < 36; x += 2)
    {
        gotoXY(x,y);          //显示方块形状
        cout <<"■■";
        gotoXY(x+2,y+1);
        cout <<"■■";

        Sleep(200);           //延时 200 ms

        gotoXY(x,y);          //擦除方块形状
        cout <<"    ";
        gotoXY(x+2,y+1);
        cout <<"     ";
    }
}
```

运行结果如图 6-4 所示,方块自左向右移动。

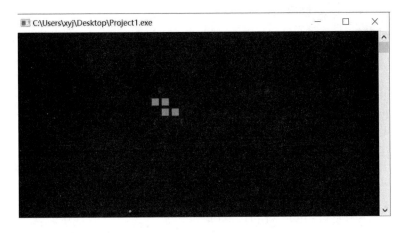

图 6-4　水平移动的方块

说明：① 俄罗斯方块中■是中文，占用两个英文字符的位置，所以水平移动时每次
"x＋＝2"，表示移动一个位置。

② 该程序需要将 6.3.3 小节封装好的 3 个函数 setColor()、gotoXY()、hideCursor()提
前写好，然后将其和上面的代码放在一个 CPP 文件中即可。

2）键盘控制效果

实际中，上("↑")、下("↓")、左("←")、右("→")4 键为功能键，功能键的特点是每按
下一次，会发送两个 ASCII 码，第一个 ASCII 码标志功能区；第二个 ASCII 码标志该功能区
的某一个按键。箭头的功能区 ASCII 码为 224，键值的 ASCII 码分别为：

```
#define KEY_UP        72        //上↑
#define KEY_DOWN      80        //下↓
#define KEY_LEFT      75        //左←
#define KEY_RIGHT     77        //右→
```

例 2：显示黄色俄罗斯方块　■■　，使用键盘可以控制方块的 4 个移动方向。
　　　　　　　　　　　　　　■■

```
int main()
{
    HANDLE   hOut = GetStdHandle(STD_OUTPUT_HANDLE);   //控制台初始化
    hideCursor();
    setColor(6);                                       //设置方块颜色为黄色
    int x = 10, y = 5, oldx = 10, oldy = 5;            //设置方块初始位置

    while (1)
    {
        gotoXY(x,y);                                   //显示方块形状
        cout <<"■■";
            gotoXY(x + 2,y + 1);
```

```
        cout <<"■ ■ ";

        int ch = getch();                          //读取键盘
        if (ch == 224){
            ch = getch();
            if (ch == 72)    y - - ;
            if (ch == 80)    y ++ ;
            if (ch == 75)    x -= 2;
            if (ch == 77)    x += 2;
        }
        gotoXY(oldx, oldy);                         //擦除方块形状
        cout <<"         ";
        gotoXY(oldx + 2,oldy + 1);
        cout <<"          ";

        oldx = x;         oldy = y;
    }
    return 0;
}
```

运行结果如图 6-4 所示,显示黄色方块,区别是该运行结果还包括:使用键盘可自由控制该方块的移动。

6.4 电梯调度控制——工程实践

6.4.1 设计思想

我们从单电梯场景开始学习电梯调度控制。由于单电梯场景简单,因此我们主要采用视图(View)—控制器(Controller)的简单模式进行设计。其中视图(View)指的是显示界面,控制器(Controller)则处理用户界面的交互并控制显示。这种设计模式可以在一个时间内专门关注一个方面,例如,可以在不依赖业务逻辑的情况下专注于视图设计,同时也让应用程序的测试更加容易。

那么 Controller 如何模拟电梯调度控制,实现简单扫描算法呢? 基本思路如下。

第一,控制函数,即控制按键输入。

第二,控制电梯上下运行和开关门函数,即输出,显示电梯实时状态。

电梯控制较为简单,我们使用面向过程编程方法,采用流程状态控制来模拟多线程的运行,可以实时控制输入和输出函数同时运行。

本设计只针对单电梯的场景进行设计和实现,相对比较简单。在此基础上,同学们可

以将单电梯扩展为双电梯或三电梯联动调度,其算法基本原理相同,区别仅在于当任意一个按键需求到来时,需要增加一个电梯判别,也就是哪一个电梯更适合该需求。

6.4.2　函数设计

定义电梯调度控制相关的数据结构,不妨设电梯层数为 $n=8$,则电梯状态定义如下:

```
struct ELEVATOR{            //电梯状态
    int floor;
    int status;
};
ELEVATOR Elevator[8] = {0,0};    //保存当前电梯状态
```

根据视图—控制器的简单模式,我们将函数划分为 3 类(如表 6-3 所示),其中视图类函数用于控制类函数的 init()调用;判别类函数用于控制类的流程控制。

表 6-3　函数类型及说明

序号	功能	函数	函数说明
1	视图类函数	void DrawElevator(int x, int y, int direction, bool Isopen, int floor)	画电梯
		void DeleteElevator(int x, int y)	擦除电梯
		void Drawfloor(int x, int y);	画楼层
		void floor(WORD color, int status, int floor);	画各楼层按键的按下和抬起
		void KeyStatus(int status);	电梯内外按键状态切换模拟
2	判别类函数	bool Isfloor(ELEVATOR Elevator[],int n);	是否有楼层有按键
		bool Higherfloor(ELEVATOR Elevator[], int curfloor,int n);	当前楼层之上是否有楼层有按键
		bool Lowerfloor(ELEVATOR Elevator[], int curfloor,int n);	当前楼层之下是否有楼层有按键
3	控制类函数	void Init();	初始化工作
		int main();	流程控制

6.4.3　函数实现

函数实现之前,首先需要引入如下 5 个库文件:

```
# include <conio.h>
# include <stdlib.h>
# include <windows.h>
# include <time.h>
# include <iostream>
```

```
using namespace std
```

其次，为了提升可读性，给出预定义的常量：

```
#define KEY_LEFT    75
#define KEY_RIGHT   77
#define KEY_ESC     27
#define W           20          //电梯的宽度
#define H           5           //电梯的高度
```

最后，为了方便控制，需要初始化定义全局变量，也就是电梯当前所在的楼层，以及当前状态。

```
int curfloor = 1;               //电梯当前所在的楼层
int curDirection = 0;           //当前电梯方向 0 停止 1 上升 2 下降
int dx = 24;                    //初始化电梯起始坐标
int dy = 2;
ELEVATOR Elevator[8] = {0,0};   //保存工作区的区域
```

1) 主函数逻辑

主函数 main() 的流程包括两部分，一部分是调用 Init() 初始化函数进行界面显示；另一部分是构建一个循环控制电梯的整个流程，该循环主要做两件事情，一是检测是否有楼层按键按下，即获取按键输入，二是根据按键输入显示电梯的状态，通过调用电梯上下运行和开关门函数，显示电梯实时状态。

按键可分为 3 类，左键、右键和楼层数字键，其中左键用来切换模拟电梯内部按键，右键用来切换电梯外部，也就是楼道按键；无论电梯内外哪个按键被按下，都可以正确地保存在 Elevator 数组中。

电梯控制可分为 3 种情况来分析。

① 没有任何按键：电梯停止运行，不动。

② 当前层有按键：电梯开关门，并将此层按键状态置 0，原运行状态都不变。

③ 当前层无按键但其他层有按键：可分成两种情况，电梯上行和电梯下行。电梯上行：判别当前楼层之上是否有按键，有则继续上行，否则改变移动方向，下行。电梯下行：判别当前楼层之下是否有按键，有则继续下行，否则改变移动方向，上行。

根据上述实现流程，主函数的实现代码如下：

```
int main()
{
    Init();
    int status = 1;             //0 电梯内     1 电梯外
    int timer = 0;
    int max_timer = 20;         //100 * 20 = 2 秒电梯移动一个楼层
    while(1)
    {
        _sleep(100);
```

```
timer ++ ;
if(_kbhit()){                        //用 if 避免按键卡住
     int key = _getch();
if(KEY_LEFT == key) {                //左键
     status = 0;    KeyStatus(status);
}
else if(KEY_RIGHT == key) {    //右键
     status = 1;    KeyStatus(status);
}
else if(key >= '1' && key <= '8') {            //数字楼层键
     int keyfloor = key - '0';
     floor(FOREGROUND_RED|FOREGROUND_GREEN|FOREGROUND_INTENSITY + 31,
     status, keyfloor);
     KeyStatus(status);
     Elevator[key - '1'].floor = 1;
     Elevator[key - '1'].status = status;

     if (curDirection == 0) {
          if (keyfloor > curfloor)    curDirection = 1;
          else                        curDirection = 2;
     }
}
else if(key == 0)         break;
}
if (timer == max_timer) {
     if (! Isfloor(Elevator,8)) {              //没有按键
          curDirection = 0;
          DeleteElevator(dx,21 - (curfloor - 1) * 3);
          DrawElevator(dx,21 - (curfloor - 1) * 3,curDirection,false,curfloor);
     }
     else if(Elevator[curfloor - 1].floor == 1) { //此层有按键
          Elevator[curfloor - 1].floor = 0;
          floor(FOREGROUND_RED| FOREGROUND_GREEN|FOREGROUND_BLUE,1,curfloor);
          floor(FOREGROUND_RED| FOREGROUND_GREEN|FOREGROUND_BLUE,0,curfloor);
          DeleteElevator(dx,21 - (curfloor - 1) * 3);
          DrawElevator(dx,21 - (curfloor - 1) * 3,curDirection,true,curfloor);
     }
     else {                                    //此层没有按键
          if(curDirection == 1) {              //电梯上行
               if (Higherfloor(Elevator,curfloor,8)) {
```

```
                    DeleteElevator(dx,21 - (curfloor - 1) * 3);
                    curfloor + + ;
                    DrawElevator(dx,21 - (curfloor - 1) * 3,curDirection,
                    false,curfloor);
                }
            else if (! Isfloor(Elevator,8))        curDirection = 0;
            else                                   curDirection = 2;

            if(curDirection = = 2) {                //电梯下行
                if (Lowerfloor(Elevator,curfloor,8)) {
                    DeleteElevator(dx,21 - (curfloor - 1) * 3);
                    curfloor - - ;
                    DrawElevator(dx,21 - (curfloor - 1) * 3,curDirection,
                    false,curfloor);
                }
                else if (! Isfloor(Elevator,8))  curDirection = 0;
                else                             curDirection = 1;
            }
        }
        timer = 0;
        }
    }
}
```

2）视图类关键函数

系统初始化界面如图 6-5 所示,在程序运行的开始阶段,main()函数会调用名为 Init()的函数进行初始化。其调用流程是画电梯轿厢→楼层数字→提示说明文字。

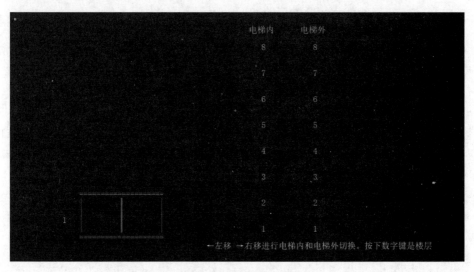

图 6-5　系统初始化界面

初始化显示界面函数 Init()代码实现如下：

```
void Init()
{
    HideCursor();
    srand(time(NULL));
    //初始化工作区
    DrawElevator(dx,21,0,false,1);       //画电梯轿厢
    Drawfloor(dx + 40,dy);               //画楼层号

    Setcolor(FOREGROUND_RED| FOREGROUND_GREEN|FOREGROUND_INTENSITY);
    Gotoxy(dx + 30,dy + 25);
    cout <<"←左移 →右移进行电梯内和电梯外切换。按下数字键是楼层";
}
```

电梯显示和删除是一对函数，分别是 DrawElevator()和 DeleteElevator()，前者主要显示电梯的开关门状态、上下行状态；后者用来擦除当前位置的电梯显示。图 6-6 所示为电梯上行关门、下行开门状态显示。

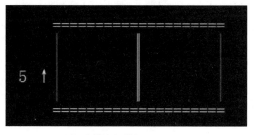

(a) 电梯上行关门

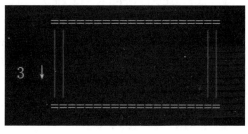

(b) 电梯下行开门

图 6-6　电梯上行关门、下行开门状态显示

```
void DrawElevator(int x, int y,int direction,bool Isopen,int floor)
                                            //显示电梯和状态
{
    Gotoxy(x,y);
    for (int i = 0; i < W;i + + )     cout <<" = ";
    if (Isopen) {
        for (int j = 1;j < H;j + + ){
            Gotoxy(x,y + j);    cout <<"||          ||";    //电梯开门
        }
    }
    else{
        for (int j = 1;j < H;j + + ){
```

```
                    Gotoxy(x,y + j);     cout <<"|      ‖      |";  //电梯关门
            }
        }
    Gotoxy(x,y + H);
    for (int i = 0; i < W;i + + )     cout <<" = ";

    Gotoxy(x - 4,y + 3);                                //电梯上下行状态
    if (direction = = 1)              cout << floor <<" ↑ ";
    else if (direction = = 2)         cout << floor <<" ↓ ";
    else                              cout << floor <<"   ";
}
```

擦除显示的关键是获取电梯的位置坐标(x,y)，并注意在电梯移动之前，清除上一位置和下一位置可能残留的显示。这样就能擦除显示的电梯。

```
void DeleteElevator(int x, int y)                       //擦除显示的电梯
{
    Gotoxy(x,y);
    for (int i = 0; i < W;i + + )     cout <<"  ";     //擦除电梯下移前的最上面一行
    for (int j = 1;j < H;j + + ){
        Gotoxy(x,y + j);             cout <<"              "; //擦除中间行
    }
    Gotoxy(x,y + H);
    for (int i = 0; i < W;i + + )     cout <<"  ";    //擦除电梯上移前的最下面一行
    Gotoxy(x - 4,y + 3);
    cout <<"        ";                               //擦除楼层号和上下箭头
}
```

楼层和按键控制如图 6-7 所示，这里需要注意，根据当前屏幕大小计算如何显示楼层数字最合适的间隔，本例中按照 8 层来计算，一屏不滚动能够显示 25 行，所以，每 3 行显示一个楼层数字。

```
void Drawfloor(int x, int y)          //画楼层
{
    Gotoxy(x,y);
    Setcolor ( FOREGROUND _ RED | FOREGROUND _ GREEN |
    FOREGROUND_BLUE);
    cout <<"电梯内      电梯外";
    for (int j = 0;j < 8;j + + )
    {
```

图 6-7　楼层和按键控制

```
        Gotoxy(x + 3,y + 3 * j + 2);    //每 3 行显示一个楼层数字
        cout << 8 - j <<"            "<< 8 - j;
    }
}


void KeyStatus( int status)              //电梯内外控制切换
{
    int x = dx + 40;
    int y = dy;
    if (status == 0) {
        Gotoxy(x,y);
        Setcolor(FOREGROUND_RED| FOREGROUND_GREEN|FOREGROUND_INTENSITY);
        cout <<"电梯内";
        Setcolor(FOREGROUND_RED|FOREGROUND_GREEN|FOREGROUND_BLUE);
        Gotoxy(x + 12,y);
        cout <<"电梯外";
    }
    else{
        Gotoxy(x,y);
        Setcolor(FOREGROUND_RED|FOREGROUND_GREEN|FOREGROUND_BLUE);
        cout <<"电梯内";
        Setcolor(FOREGROUND_RED| FOREGROUND_GREEN|FOREGROUND_INTENSITY);
        Gotoxy(x + 12,y);
        cout <<"电梯外";
    }
}
```

楼层按键有两个状态,按下或者未按下,若按下某层的按键,则说明该楼层有需求,需要高亮显示,并且电梯之后的逻辑要响应该层的需求。

```
void floor(WORD color,int status, int floor)      //显示选中的按键状态
{
    int x = dx + 40;
    int y = dy;
    Setcolor(color);                                //设置高亮
    if (status == 0) Gotoxy(x + 3,y + 3 * (8 - floor) + 2);
    else            Gotoxy(x + 15,y + 3 * (8 - floor) + 2);
    cout << floor;
}
```

3) 判别类关键函数

判别类函数相对较为简单,其作用就是判断当前楼层按键的状态,以及按键之间的关

系。该类函数如下。

① Isfloor()：当前楼层是否有按键，根据 ELEVATOR 的状态来判断哪几层有按键。

② Higherfloor()：当前楼层之上是否有楼层有按键。

③ Lowerfloor()：当前楼层之下是否有楼层有按键。

```
bool Isfloor(ELEVATOR Elevator[],int n)        //当前楼层是否有按键
{
    for (int i = 0;i < n;i++)
        if (Elevator[i].floor == 1)    return true;
    return false;
}
bool Higherfloor(ELEVATOR Elevator[],int curfloor, int n)
                                           // 当前楼层之上是否有楼层有按键
{
    for (int i = curfloor;i < n;i++)
        if (Elevator[i].floor == 1)    return true;
    return false;
}
bool Lowerfloor(ELEVATOR Elevator[],int curfloor, int n)
                                           // 当前楼层之下是否有楼层有按键
{
    for (int i = 0;i < curfloor − 1;i++)
        if (Elevator[i].floor == 1)    return true;
    return false;
}
```

6.5　俄罗斯方块——工程实践

6.5.1　设计思想

人机对战俄罗斯方块游戏的设计思路主要遵循 MVC 设计模式，该模式是一种使用 Model-View-Controller(模型-视图-控制器)设计并创建应用程序的模式。

① Model(模型)：表示应用程序的数据的存取。

② View(视图)：显示界面，根据 Model 提供的不同数据，显示不同的界面。

③ Controller(控制器)：处理用户界面的交互，以及向模型发送更新数据。

MVC 分层有助于管理复杂的应用程序，因为它可以在一个时间内专门关注一个方面。例如，可以在不依赖业务逻辑的情况下专注于视图设计，同时让应用程序的测试更加容易。MVC 分层也简化了分组开发。不同的开发人员可同时开发视图、控制器逻辑和业务逻辑。

基于以上思想,我们设计的人机对战程序一共包括 4 个通用类,每个类的类名和功能如表 6-4 所示。

表 6-4 类的类名和功能

序号	类名	功能	与其他类的关系
1	Block	方块类,控制和显示游戏中方块形状的变化	影响 Canvas 中矩阵的内容
2	Canvas	画布类,负责拿到当前的矩阵,并把它显示在控制台上	将 Controller 引为友元,内部保存一个矩阵,矩阵内保存当前控制台方块的状态
3	Controller	控制器类,负责控制矩阵的内容,在矩阵中增减方块	内部保存一个 Canvas 实例的引用
4	Game	游戏类,处理游戏的整体逻辑和用户交互	内部有 Canvas、Controller、Block 类的实例

表 6-4 中,Canvas 类是 MVC 设计模式中的 View,负责俄罗斯方块的工作区和每一个方块的显示;Block 类和 Canvas 类内部的矩阵是 MVC 设计模式中的 Model,用来存储方块状态和游戏区的状态;Controller 类负责处理用户界面的数据,以及向模型发送更新数据;Game 类负责人机交互数据的获取。显然,整个游戏的制作是一个系统的工程,需要综合各个方面所学知识才能完成。

这里我们重点讨论一下人机对战中的 AI 思想:本游戏为人机独立作战,以最后游戏结束时的分数高低定胜负,因此,对人来说,只需要操控键盘将方块放置在合适的位置即可;对于机器来说,AI 思想主要体现在机器自动进行俄罗斯方块放置这一策略上。放置策略一般分为两部分:一,判断放置点;二,模拟键盘控制放置方块。对于放置点的判断算法不同的人有不同的规则,本例采用以下 6 种信息作为判别规则的依据:

① 可消除的行数;
② 平均高度;
③ 相邻两行的高度差之和;
④ 空洞数;
⑤ 最高列的高度与均值的差;
⑥ 高度的标准差。

将上述 6 类信息进行组合加权,可以给出每一个位置的得分,得分越高,说明该位置放置方块后越有效。至于具体规则,不同的游戏制作者定义不同,可以根据自己的游戏经验制定规则,也可以参考下文类实现中的"**Controller 类:关键函数 evalute()**"的判别规则。

6.5.2 类设计

人机对战俄罗斯方块游戏的 4 个类(Block 类、Canvas 类、Controller 类和 Game 类)依据各自的功能设计如下。

1. Block 类

Block 类,即方块类,该类用来控制每次落下的方块,以及每个方块形状的变化。共有 7 类方块,19 种状态。每个方块状态是一个 4×4 的二维矩阵。Block 类内的变量和函数说明如图 6-8 所示。

序号	变量名	功能
1	int type	Block的类别id，共有19个方块状态
2	int blocks[19][4][4]	常量，保存7类方块共19种状态，每个方块状态是一个4×4的二维矩阵，用来自动状态转换

序号	函数名	功能
1	Block(int type)	根据Type类型初始化方块的形状
2	int** getBlock()	返回内部的二维矩阵
3	int getBlockType()	返回方块的类型
4	int transformBlock()	更改Block的形状，当用户按"↑"键后，会触发该函数，并更改Block的形状

图 6-8　Block 类内声明与功能

说明:变量 int blocks[19][4][4]{

```
    {{1, 1, 1, 1}, {0, 0, 0, 0}, {0, 0, 0, 0}, {0, 0, 0, 0}},      // 一
    {{1, 0, 0, 0}, {1, 0, 0, 0}, {1, 0, 0, 0}, {1, 0, 0, 0}},
    {{2, 2, 0, 0}, {2, 2, 0, 0}, {0, 0, 0, 0}, {0, 0, 0, 0}},      // 田
    {{0, 3, 0, 0}, {3, 3, 3, 0}, {0, 0, 0, 0}, {0, 0, 0, 0}},      // 凸
    {{3, 0, 0, 0}, {3, 3, 0, 0}, {3, 0, 0, 0}, {0, 0, 0, 0}},
    {{3, 3, 3, 0}, {0, 3, 0, 0}, {0, 0, 0, 0}, {0, 0, 0, 0}},
    {{0, 3, 0, 0}, {3, 3, 0, 0}, {0, 3, 0, 0}, {0, 0, 0, 0}},
    {{4, 4, 0, 0}, {0, 4, 4, 0}, {0, 0, 0, 0}, {0, 0, 0, 0}},      // Z
    {{0, 4, 0, 0}, {4, 4, 0, 0}, {4, 0, 0, 0}, {0, 0, 0, 0}},
    {{0, 5, 5, 0}, {5, 5, 0, 0}, {0, 0, 0, 0}, {0, 0, 0, 0}},      // 反 Z
    {{5, 0, 0, 0}, {5, 5, 0, 0}, {0, 5, 0, 0}, {0, 0, 0, 0}},
    {{6, 0, 0, 0}, {6, 6, 6, 0}, {0, 0, 0, 0}, {0, 0, 0, 0}},      // 扁 L
    {{6, 6, 0, 0}, {6, 0, 0, 0}, {6, 0, 0, 0}, {0, 0, 0, 0}},
    {{6, 6, 6, 0}, {0, 0, 6, 0}, {0, 0, 0, 0}, {0, 0, 0, 0}},
    {{0, 6, 0, 0}, {0, 6, 0, 0}, {6, 6, 0, 0}, {0, 0, 0, 0}},
    {{0, 0, 7, 0}, {7, 7, 7, 0}, {0, 0, 0, 0}, {0, 0, 0, 0}},      // L
    {{7, 0, 0, 0}, {7, 0, 0, 0}, {7, 7, 0, 0}, {0, 0, 0, 0}},
    {{7, 7, 7, 0}, {7, 0, 0, 0}, {0, 0, 0, 0}, {0, 0, 0, 0}},
    {{7, 7, 0, 0}, {0, 7, 0, 0}, {0, 7, 0, 0}, {0, 0, 0, 0}}
};
```

三维数组 blocks 中,1~7 代表不同的颜色,blocks 内部 4×4 数组 0~7 的分布决定了方块的形状。方块类通过访问 blocks 数组中的元素来显示每个方块形状的变化。图 6-9(g)就是图 6-9(h)的形状显示。这里的颜色列表如下。

```
WORD COLOR_ARRAY[7] = {
    FOREGROUND_RED | FOREGROUND_INTENSITY,
    FOREGROUND_GREEN | FOREGROUND_INTENSITY,
    FOREGROUND_BLUE | FOREGROUND_INTENSITY,
    FOREGROUND_RED | FOREGROUND_GREEN | FOREGROUND_INTENSITY,
    FOREGROUND_RED | FOREGROUND_BLUE | FOREGROUND_INTENSITY,
    FOREGROUND_GREEN | FOREGROUND_BLUE | FOREGROUND_INTENSITY,
    FOREGROUND_RED | FOREGROUND_GREEN | FOREGROUND_BLUE | FOREGROUND_INTENSITY
};
```

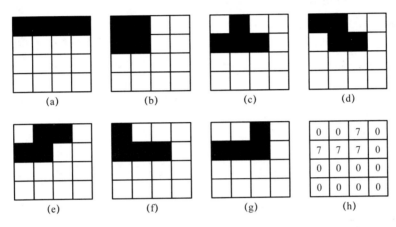

图 6-9　7 种形状的方块示意图

不同的方块旋转后根据 4×4 方格中数值分布的不同，可以有不同的形状。例如，原有方块形状如图 6-10(a)所示，依次旋转后的形状如图 6-10(b)～图 6-10(d)所示，其数据变化分别如图 6-10(f)～图 6-10(h)所示。

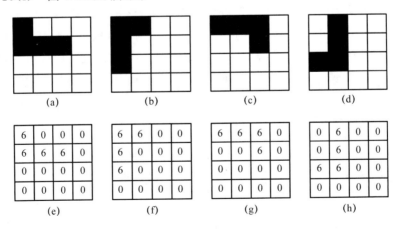

图 6-10　"L"旋转示意图

根据不同的方块数据，设计如下旋转规则，其中 type 是当前方块的下标 Block(int type)：

```
int Block::transformBlock(){
```

```
switch (type) {

case 0：  case 3：  case 4：  case 5：  case 7：  case 9：

case 11：case 12：case 13：case 15：case 16：case 17：

    type += 1；

    break；

case 1：  case 8：  case 10：

    type -= 1；

    break；

case 6：  case 14：

case 18：

    type -= 3；

    break；

case 2：

    type = 2；

    break；

default：

    break；

}

return type；

}
```

2. Canvas 类

Canvas 类，即画布类，负责拿到当前的矩阵，并把它打印在控制台上，也就是实现画出俄罗斯方块整个布景图的功能。类内部存储一个矩阵，该矩阵的内容决定屏幕上的输出。矩阵中的内容由 Controller 类控制，而矩阵是 Canvas 的私有成员，因此将 Controller 声明为友元类，以便于控制矩阵内容。Canvas 类内的变量、函数和友元说明如图 6-11 所示。

序号	变量名	功能
1	int bias	画布在控制台绘图时横向的偏移
2	int matrix[NUM_COL][NUM_ROW]	俄罗斯方块游戏的工作区，保存当前用户界面上的方块矩阵
3	std::mutex myLock	控制台的输出锁，用于避免多线程争抢光标
序号	函数名	功能
1	Canvas(bool isAuto)	初始化画布的位置和偏移
2	void initMatrix()	初始化控制矩阵
3	void drawCanvas()	将二维矩阵画到控制台上
4	void printMatrix ()	输出控制矩阵
序号	友元	功能
1	friend class Controller	将Controller设为友元类

图 6-11　Canvas 类内声明与功能

注：俄罗斯方块游戏中的工作区,指的是一个区域,在这个区域内方块根据键盘操作进行移动和翻转。

3. Controller 类

Controller 类,即控制器类,负责控制矩阵的内容,在矩阵中增减方块。Controller 类内部保存一个 Canvas 实例的引用,用以保存 Game 类中实例化的对象,便于控制 Canvas 内部矩阵的内容,同时包含一个评分函数,给当前矩阵中的内容评分,用于自动游戏策略评估。Controller 类内的变量和函数说明如图 6-12 所示。

序号	变量名	功能
1	Canvas* canvas	保存传入的画布的引用
2	int score	分数
3	int level	等级

序号	函数名	功能
1	void addBlock()	在矩阵中某个位置放置一个方块,并修改矩阵的内容
2	void eraseBlock()	移除某个位置的方块,并修改矩阵的内容
3	void eraseLines()	从上到下,找到一个满行消除,并将上面所有行下移一行
4	int getScore()	返回当前分数
5	bool isAvailable()	判断该方块是否能放置在矩阵的某个位置
6	double evaluate()	给某个特定矩阵一个评分,用于找出最优的放置位置,为自动游戏程序提供帮助

图 6-12　Controller 类内声明与功能

4. Game 类

Game 类,即游戏类,负责处理整个游戏的处理、交互逻辑,其内部有 Canvas 类、Controller 类、Block 类的实例,其他对象的实例化都保存在该类中。游戏类控制自动游戏以及手工游戏的整体逻辑。Game 类内的变量和函数说明如图 6-13 所示。

序号	变量名	功能
1	Canvas* canvas	Block的类别id,共有19个方块状态
2	Controller* controller	保存19种方块状态,每个方块状态是一个4×4二维矩阵
3	bool isAuto	是否启动自动游戏的标识
4	int score	分数
5	int level	等级

序号	函数名	功能
1	void autoPlay()	自动游戏
2	void nonAutoPlay()	用户手动游戏
3	Game(bool isAuto)	设置游戏类别
4	~Game()	清理内存资源
5	void play()	调用游戏

图 6-13　Game 类内声明与功能

6.5.3 类实现

1）主函数逻辑

人机对战俄罗斯方块游戏，分成左右两个区，左区为用户操作俄罗斯方块，右区为机器操作俄罗斯方块，左右两个分区独立运行并积分，直到一方结束。因此，这里涉及了多线程和互斥锁的问题。

（1）多线程问题

由于在游戏中自动游戏与用户手动操作是两套单独的逻辑，设计时，并不让它们共享存储当前屏幕状态的矩阵，而是使用两个分离的矩阵单独存储两个已下落的方块状态。因此，为保证两套逻辑互不影响，采用多线程方式，每个线程中使用独立的 Game 类的实例，分别让它们在后台运行，并设置一个共享的是否结束的标志，这样当用户退出时，可以先后结束两个线程，主线程在判断后会等待 1 秒，以此保证主线程晚于两个子线程退出。

（2）互斥锁问题

自动游戏与用户手动操作是两个线程，并且分别拥有各自的矩阵来存储已下落的方块状态。两个矩阵互不影响，不共享矩阵资源，因此不涉及线程间同步控制。两个线程唯一共享的资源是控制台终端的光标，因此加锁将其保护起来，以避免多线程争抢共享资源。

（3）lambda 表达式

采用 lambda 表达式是为了在两个线程中分别构造一个只使用一次的匿名函数，这个匿名函数的功能是设置随机种子并启动游戏。值得注意的是，两个线程内部的 lambda 表达式共用主线程中定义的画笔锁 painterLock 与游戏结束的标志 isOver，这两个变量应以引用形式传进 lambda 表达式，因此在［］中指定以引用形式捕获这两个变量，其他变量以值形式捕获。由于随机种子只能作用于单个线程，因此需要在 lambda 表达式中设置随机种子，并启动游戏。

主函数 C++代码实现如下：

```cpp
int main()
{
    std::mutex painterLock;        // 共用的画笔锁,避免多线程争抢画笔
    bool isOver = false;           // 用于控制循环结束
    Game * autoGame = new Game(true);
    //使用 lambda 表达式,以避免一个不需要的命名函数
    std::thread([ = , &painterLock, &isOver]() {srand((unsigned int)(time(0)));
                autoGame -> play(painterLock, isOver);}).detach();
    Game * game = new Game(false);
    std::thread([ = , &painterLock, &isOver]() {srand((unsigned int)(time(0)));
                game -> play(painterLock, isOver);}).detach();

    // 为了避免主线程在两个子线程结束前退出,这里不能 join 等待
    while (!isOver)
        Sleep(1000);
```

```
delete game;
delete autoGame;
}
```

由以上代码可以看出,main()函数非常简单,主要用来控制多线程的调用;主要的游戏逻辑只需要调用在 Game 类中的 play 函数即可。

2) 关键函数实现

(1) Canvas 类:关键函数 drawCanvas()

drawCanvas()函数负责每一次界面变化后的显示,根据 MVC 理论,其后台最关键的数据是矩阵 int matrix[NUM_COL][NUM_ROW],根据该矩阵控制前端界面显示。其他辅助数据,包括分数、级别、下一个方块,用于显示当前游戏状态。此外,该函数在重画界面时需要注意多线程控制,避免界面画到一半时游标错乱,导致界面错位。该函数具体实现如下:

```
void Canvas::drawCanvas(int score, int level, Block * nextBlock, std::mutex&
painterLock){
    painterLock.lock();                    //加锁,避免多线程时画布的游标错乱
    for (int i = 0; i < NUM_COL; i ++){    //①画当前工作区
        for (int j = 0; j < NUM_ROW; j ++){
            gotoXY(4 + j * 2 + bias, 2 + 1 + i);
            if (matrix[i][j] != 0) {
                setColor(COLOR_ARRAY[matrix[i][j] - 1]);
                std::cout << "■";
            }
            else{           std::cout << "  ";}
        }
    }
    setColor(COLOR_ARRAY[0]);               //②画各种辅助信息,包括得分、等级等
    gotoXY(2 + MARGIN_RIGHT + 2 * NUM_ROW + bias, 2 + 1 + NUM_COL / 10 * 5);
    std::cout << "得分:" << score;
    gotoXY(2 + MARGIN_RIGHT + 2 * NUM_ROW + bias, 2 + 1 + NUM_COL / 10 * 6);
    std::cout << "等级:" << level;
    gotoXY(2 + MARGIN_RIGHT + 2 * NUM_ROW + bias, 2 + 1 + NUM_COL / 10 * 7);
    std::cout << "下一个:";
    gotoXY(2 + MARGIN_RIGHT + 2 * NUM_ROW + bias, 2 + 1 + NUM_COL / 10 * 7 + 1);
    for (int i = 0; i < 4; i ++){           // ③画提示的下一个方块
        for (int j = 0; j < 4; j ++){
            gotoXY(2 + MARGIN_RIGHT + 2 * NUM_ROW + j * 2 + bias, 2 + 1 + NUM_
            COL / 10 * 7 + 2 + i);
            std::cout << "  ";
            if (nextBlock -> getBlock()[i][j] != 0) {
                gotoXY(2 + MARGIN_RIGHT + 2 * NUM_ROW + j * 2 + bias, 2 +
```

```
                    1 + NUM_COL/10 * 7 + 2 + i);
                    setColor(COLOR_ARRAY[nextBlock -> getBlock()[i][j] - 1]);
                    std::cout << "■";
                }
            }
        }
    painterLock.unlock();                    //解锁
}
```

（2）Controller 类：关键函数 addBlock()和 eraseBlock()

addBlock()函数（放置方块）和 eraseBlock()函数（擦除方块）是一对互斥的操作，其计算规则为将方块 Block 叠加到画布的 Matrix 上，"放置方块"则在相应位置赋值 block 内容；"擦除方块"则在相应位置置 0。具体实现如下：

```
void Controller::addBlock(Block * block, int posx, int posy){放置方块
    for (int i = 0; i < 4; i++){
        for (int j = 0; j < 4; j++){
            if (posx + i >= 0 && block -> getBlock()[i][j] != 0)
                this -> canvas -> matrix[posx + i][posy + j] = block ->
                getBlock()[i][j];
        }
    }
}

void Controller::eraseBlock(Block * block, int posx, int posy){擦除方块
    for (int i = 0; i < 4; i++){
        for (int j = 0; j < 4; j++){
            if (posx + i >= 0 && block -> getBlock()[i][j] != 0)
                this -> canvas -> matrix[posx + i][posy + j] = 0;
        }
    }
}
```

（3）Controller 类：关键函数 isAvailable()

isAvailable()函数是 Controller 类中负责判断位置 $[x, y]$ 是否能够摆放当前方块的函数，该函数的输入为"当前方块指针 * block"和待判断位置坐标 $[posx, posy]$，Controller 类通过 canvas 得到俄罗斯方块的整体状态，将 block 中的 4×4 方块依次放入 $[posx, posy]$ 中，若当前位置不越界，并且方块和画布重合的位置都不为 1，则可以放置。具体实现如下：

```
bool Controller::isAvailable(Block * block, int posx, int posy) {
    for (int i = 3; i >= 0; i--){
        for (int j = 0; j < 4; j++){
            if (block -> getBlock()[i][j] != 0 &&(posy + j < 0 || posx + i > NUM_COL - 1
            || posy + j > NUM_ROW - 1 || (posx + i >= 0
```

```
            && this -> canvas -> matrix[posx + i][posy + j] != 0)))
                return false;
        }
    }
    return true;
}
```

（4）Controller 类:关键函数 eraseLines（）

eraseLines()函数是 Controller 类中负责消行的成员函数。其功能是从上到下扫描,一行满了就删除这行,然后该行上面的方块依次下移一行。具体实现如下:

```
void Controller::eraseLines(){
    for (int i = 0; i < NUM_COL; i ++){
        bool isFull = true;
        for (int j = 0; j < NUM_ROW; j ++){ //判断该行是否已满
            if (this -> canvas -> matrix[i][j] == 0)
                isFull = false;
        }
        if (isFull){ //当前行已满,该行之上每一行下移一行
            for (int k = i; k > 0; k --)
                for (int j = 0; j < NUM_ROW; j ++)
                    this -> canvas -> matrix[k][j] = this -> canvas -
                    > matrix[k - 1][j];
            score += 10;
        }
    }
}
```

（5）Controller 类:关键函数 evalute（）

evaluate()函数是 Controller 类的成员函数,用来给出当前方块放置位置的得分。该函数依赖如下 6 种信息,即可消除的行数、平均高度、相邻两行的高度差之和、空洞数、最高列的高度与均值的差、高度的标准差来评价当前放置位置的好坏,评分函数对它们进行加权,正负值代表该属性对评分是促进效果还是反效果。我们认为放置一个方块后,可消除的行数越多,平均高度越低,相邻两行的高度差之和越小,空洞数越少,最高列的高度与均值的差越小,高度的标准差越小,则方块的放置位置越好,应该给这样的放置一个较高的分数。具体每个参数的权重可以参考如下代码。

```
double Controller::evaluate() {
    // ①计算每个位置的高度
    int topPos[NUM_ROW];
    for (int i = 0; i < NUM_ROW; i ++)  topPos[i] = 0;
    for (int j = 0; j < NUM_ROW; j ++){
        for (int i = 0; i < NUM_COL; i ++){
            if (canvas -> matrix[i][j] != 0){
```

```
                              topPos[j] = NUM_COL - i; break;
                    }
            }
    }
    // ②计算最高位置
    double top = 0, sum = 0, sigma = 0;
    for (int i = 0; i < NUM_ROW; i++){
        sum += topPos[i];
        if (topPos[i] > top)
                top = topPos[i];
    }
    // ③计算均值、标准差
    for (int i = 0; i < NUM_ROW; i++)
        sigma += pow((topPos[i] - sum / NUM_ROW), 2);
    sigma = sqrt(sigma / NUM_ROW);
    //④ 计算消除的行数
    int numEraseLines = 0;
    for (int i = 0; i < NUM_COL; i++){
        bool isFull = true;
        for (int j = 0; j < NUM_ROW; j++){
                if (canvas -> matrix[i][j] == 0) {
                        isFull = false;          break;
                }
        }
        if (isFull)numEraseLines++;
    }
    // ⑤计算空洞数
    int numHoles = 0;
    for (int j = 0; j < NUM_ROW; j++){
        for (int i = NUM_COL - 1; i > NUM_COL - topPos[j]; i--){
                if (canvas -> matrix[i][j] == 0)
                        numHoles++;
        }
    }
    //⑥ 计算相邻的行高度差之和
    double sumDist = 0;
    for (int i = 0; i < NUM_ROW - 1; i++)
        sumDist += abs(topPos[i] - topPos[i + 1]);

    return numEraseLines * 10.0 - sum / NUM_ROW * 1.0 - sumDist * 0.5 - numHoles *
```

2.0 - (top - sum / NUM_ROW) * 3.0 + sigma * 2.0;

}

（6）Game 类：关键函数 autoPlay()

autoPlay()函数是 Game 类中用于机器操作俄罗斯方块的成员函数。其运行步骤是：首先，系统随机生成一个方块；其次，根据当前俄罗斯方块的矩阵状态调用评分函数，遍历每一种位置与方向，给方块每个方向、每个位置放置后的矩阵一个评分，选出评分最高的状态，从而确定最优位置与最优的方块旋转方向，逐渐移到正确位置；最后，反复执行生成方块、评分、移动、旋转操作，直到方块区堆满，退出循环。autoPlay()函数流程图如图 6-14 所示。

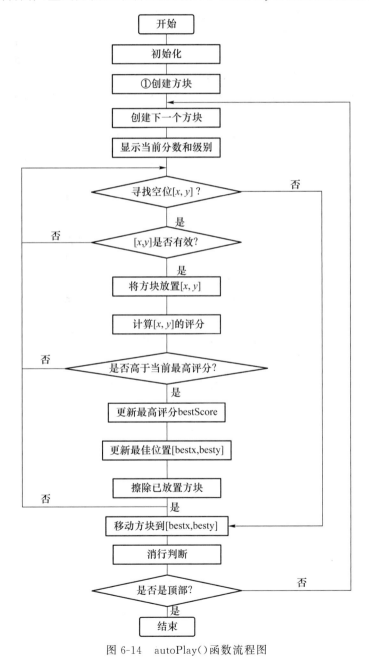

图 6-14　autoPlay()函数流程图

具体C++实现代码如下：

```
void Game::autoPlay(std::mutex& painterLock, bool& isOver) {
    int blockType = 3, nextType = 3;
    while (!isOver) {
        int initBlocks[7] = { 0, 2, 3, 7, 9, 11, 15 };
        //①随机生成下一个方块
        blockType = nextType;
        nextType = initBlocks[rand() % 7];
        Block * block = new Block(blockType);
        Block * nextBlock = new Block(nextType);
        //②找评分最高的位置
        double bestScore = -99999;
        int oldType = blockType, bestBlockType = 0, bestx = -2, besty = 3;
        do {
            for (int testy = 0; testy < NUM_ROW; testy++) {
                                        //寻找空的位置[tmpx,testy]
                int tmpx = 0;
                for (int testx = -1; testx < NUM_COL; testx++) {
                    if (!controller->isAvailable(block, testx, testy)) {
                        tmpx = testx - 1; break;
                    }
                }
                if (controller->isAvailable(block, tmpx, testy)) {
                                        //对位置[tmpx,testy]评分
                    controller->addBlock(block, tmpx, testy);
                    double autoScore = controller->evaluate();
                    if (autoScore > bestScore) {
                        bestBlockType = block->getBlockType();
                        bestx = tmpx; besty = testy; bestScore = autoScore;
                    }
                    controller->eraseBlock(block, tmpx, testy);
                }
            }
        } while (block->transformBlock() != oldType);

        // ③根据最优位置,移动方块
        int posx = -2, posy = 3, posxTimes = 0;
        while (!isOver) {
            Sleep(20);
            delete block;
```

```
block = new Block(bestBlockType);
controller -> eraseBlock(block, posx, posy);
if (posxTimes >= 4) {
        posx++;
        posxTimes = 0;
}
posxTimes++;
if (besty > posy) {
        if (controller -> isAvailable(block, posx, posy + 1))
                posy++;
}
else if (besty < posy) {
        if (controller -> isAvailable(block, posx, posy - 1))
                posy--;
}
if (!controller -> isAvailable(block, posx, posy)) {
        posx--;
        controller -> addBlock(block, posx, posy);
        canvas -> drawCanvas(score, level, nextBlock, painterLock);
        break;
}
controller -> addBlock(block, posx, posy);
canvas -> drawCanvas(score, level, nextBlock, painterLock);
}
// ④看看有无能消除的行
controller -> eraseLines();
score = controller -> getScore();
delete block;
delete nextBlock;
// 如果方块堆到了第一行,结束游戏
if (posx < 0)        return;
        }
}
```

(7) Game 类:关键函数 nonAutoPlay()

nonAutoPlay()函数是 Game 类中用于用户操作俄罗斯方的块成员函数,该函数主要用于循环响应用户按键操作及自然下落。程序分为内、外两重循环:外循环负责整个游戏的运转,内循环负责处理键盘逻辑。

若用户按下按键,则进入内循环判断按键功能。

① 以左("←")右("→")键为例,先使用 isAvailable()函数判断左右移动后是否可以放置在该位置,如果可以放置,则更改 Canvas 类中存储俄罗斯方块矩阵的内容。

② 对于"↓"键：立即处理自然下落逻辑。

③ 对于"↑"键：旋转方块，并查看该位置放方块是否合理。

若无按键按下，则外层循环处理自然下落逻辑，直到下降到无法再下降为止，跳出循环，处理下一方块。

用户操作流程如图 6-15 所示。

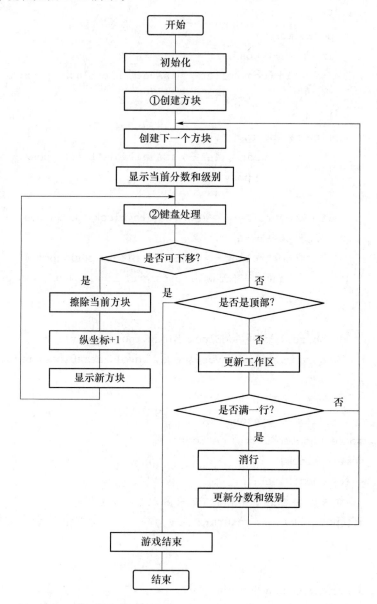

图 6-15　用户操作流程

non AutoPlay()函数的C++代码实现如下：

```cpp
void Game::nonAutoPlay(std::mutex& painterLock, bool& isOver) {
    int blockType = 3, nextType = 3;
    while (!isOver) {
```

```
//①随机生成下一个方块
   int initBlocks[7] = { 0, 2, 3, 7, 9, 11, 15 };
   blockType = nextType;
   nextType = initBlocks[rand() % 7];
   Block * block = new Block(blockType);
   Block * nextBlock = new Block(nextType);

   int posx = -2, posy = 3;
   while (true) {
        int delay = 0;
        while (delay < MAX_DELAY) {            // ②键盘处理
             if (_kbhit()) {                   //检查按键是否落下
                  int key = _getch();
                  int oldType = block -> getBlockType();
                  switch (key) {
                  case KEY_UP:                 //↑旋转操作
                       controller -> eraseBlock(block, posx, posy);
                       block -> transformBlock();
                       if (!controller -> isAvailable(block,posx,posy)){
                                             //不能变形,恢复
                            delete block;
                       block = new Block(oldType);
                       }
                       controller -> addBlock(block, posx, posy);
                       canvas -> drawCanvas(score, level, nextBlock,
                       painterLock);
                       break;
                  case KEY_DOWN:               //↓快速下落
                       delay = MAX_DELAY;
                       break;
                  case KEY_LEFT:               //←左移操作
                       controller -> eraseBlock(block, posx, posy);
                       if (controller -> isAvailable(block, posx,
                       posy - 1)) {
                            posy -- ;
                            controller -> addBlock(block, posx, posy);
                            canvas - > drawCanvas (score, level,
                            nextBlock, painterLock);
                       }
                       break;
```

```
                        case KEY_RIGHT:              //→右移操作
                                controller -> eraseBlock(block, posx, posy);
                                if (controller -> isAvailable(block, posx,
                                posy + 1)) {
                                        posy ++ ;
                                        controller -> addBlock(block, posx, posy);
                                        canvas -> drawCanvas (score, level,
                                        nextBlock, painterLock);
                                }
                                break;
                        case KEY_ESC:
                                delete block;
                                delete nextBlock;
                                isOver = true;
                        }
                }
                Sleep(10);
                delay ++ ;
        }
        controller -> eraseBlock(block, posx, posy); // 消行,方块下移
        posx ++ ;
        // 方块到底,下一个方块
        if (! controller -> isAvailable(block, posx, posy)) {
                posx -- ;
                controller -> addBlock(block, posx, posy);
                canvas -> drawCanvas(score, level, nextBlock, painterLock);
                break;
        }
        controller -> addBlock(block, posx, posy);
        canvas -> drawCanvas(score, level, nextBlock, painterLock);
}
controller -> eraseLines();
canvas -> drawCanvas(score, level, nextBlock, painterLock);
score = controller -> getScore();
// 触顶,结束游戏,同时结束机器人
delete block;
delete nextBlock;
if (posx < 0) isOver = true;
        }
    }
```

本 章 小 结

　　单电梯调度通过控制 Controller 来实现电梯的智能调度,相对简单。人机对战俄罗斯方块游戏中的 AI 思维主要通过 Controller 类的成员函数 evaluate()来体现,该函数的主要思想是定义了一个位置判别规则,通过该规则给出每一个可能下落位置的评分,这个规则是人的经验的抽象总结,规则制定得越好,则机器操作俄罗斯方块的水平越高。本例中给出了其中一种设定的规则,后续同学们可以在学习中不断优化该规则,使得机器的水平越来越接近人的水平。

第7章
计算思维与文本处理

字符串处理是自然语言处理和文本分析中最基础的一个环节。我们发现几乎所有有意义的数据都包含字符串类型的数据，或者能够抽象成字符串数据进行处理。因此，在深入工程实践之前需要对字符串的各种处理技巧、基本处理方法有一定的了解，这就是本章的主要目的。本章针对字符串处理中基本的拷贝、比较、统计、相似度计算、匹配算法等，从易到难进行了详细阐述，为后续抽象思维训练、自然语言处理奠定基础。

7.1 字符串的拷贝、比较和统计

7.1.1 字符串拷贝

问题：C++中的字符串拷贝问题，指的是将一个字符串中的内容，逐一赋值到指定内存，如图 7-1 所示，src 为原始字符串，dst 为目标复制字符串。

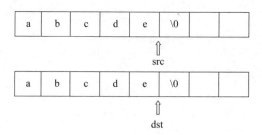

图 7-1　C++字符串拷贝算法的结果示意图

1. 字符数组方式

（1）算法建模

将字符串 str1 中的内容拷贝到 str2 中，可以按照字符数组方式，取数组的下标 i，通过 i++ 的操作进行循环，即将字符 str1[i] 中的字符逐一拷贝到 str2[i] 中，当 str1[i] == '\0' 时，跳出循环。

（2）编程方法

按照字符数组方式，算法实现如下。

```
char * Strcpy(char * dst, const char * src)
{
        int i = 0;
        if (dst = = NULL)  return NULL;    //判断目标空间是否有效
        for(i = 0; src[i]! = '\0'; i + + )
        {
                dst[i] = src[i];    //将下标为 i 的字符依次拷贝给目标字符串 dst
        }
        dst[i] = '\0';                    //字符串 dst 后面添加'\0'

        return dst;
}
```

2. 指针方式

（1）算法建模

将字符串 str1 中的内容拷贝到 str2 中，可以通过循环结构将字符串指针 str1 中的字符逐一拷贝到 str2 中，当遇到'\0'时，跳出循环。

（2）编程方法

字符串极简设计使用字符指针来实现，算法实现如下。

```
char * Strcpy(char * dst, const char * src)
{
        char * p = dst;
        if (dst = = NULL)  return NULL;    //判断目标空间是否有效

        while * (dst + + ) = * (src + + );    //关键——拷贝代码
        return p;
}
```

说明：while(* dst + + = * src + +);是极简设计的关键，需要注意运算符优先级和逻辑判别，以及最后的结束符";"。

① 在关键代码 * dst + + = * src + + 中，"+ +"与" *"的优先级相同，但是运算按从右至左的顺序进行，所以我们可以加括号显示标识运算顺序：* (dst + +) = * (src + +)。

② dst + + 和 src + + 表示指针每次向后移动一个字符，但表达式(dst + +)和(src + +)的值是后移之前的字符地址。

③ * 运算符的作用是取当前地址的内容，* (dst + +) = * (src + +)等价于 * dst = * src ,dst + + ,src + + 。

④ while 通过判断整个表达式 * (dst + +) = * (src + +)的值是否为 FALSE 来结束

循环，当 * (src＋＋) 的值为"\0"时，"\0"的 ASCII 码是 0，逻辑上是 FALSE，非 0 的值逻辑上为 TRUE。所以，当 * (src＋＋) 的值为"\0"时，首先进行赋值操作，赋值后结束循环。

⑤ while 循环没有循环体，判断循环条件后，直接进行下一次循环条件判断，直到循环条件不成立，即为 FALSE，循环结束。

最后，编写一个测试函数来验证该算法的正确性，并评估执行效率。假设字符串的长度为 n，那么该算法的时间复杂度为 $O(n)$。

```
#include<iostream>
using namespace std;
void main()
{
    char s1[64];
    char * s2 = "This is a problem.";
    cout << Strcpy (s1,s2)<< endl; //调用字符串拷贝算法
}
```

运行结果如下：

This is a problem.

7.1.2　字符串比较

问题：字符串比较指的是将两个字符数组或字符指针指向的存储字符的字符串 s1 和 s2 进行比较，比较规则如下：

① 若字符串 s1 和 s2 对应位置的每一个字符 ASCII 码都相等，则认为 s1＝s2，返回值为 0；

② 从前到后比较，当字符串 s1 和 s2 对应位置的字符 ASCII 码不相等时，若 s1 的字符 ASCII 码较大，则认为 s1＞s2，返回值为 1；否则返回值为－1。

比如：将 s1＝"BOY"与 s2＝"BAD"进行比较，则返回值为 1。

1. 字符比较法

（1）数学建模

字符串比较问题和字符串统计问题一样，并不是一个很难的问题，比较容易想到一个解决方法，例如字符比较法。

① 若字符串不结束，则按从前到后的顺序比较，如相等，继续比较下一个字符；否则，判断 ASCII 码大小，输出结果。

② 若任一字符串结束，则继续比较当前字符。注意：本次比较需要和"\0"比较，"\0"的 ASCII 码是 0，是所有字符中最小的。

（2）编程方法

按照上述依次比较的思想，可以编写如下代码。

```
int Strcmp(const char * s1,const char * s2)
{
```

```
    if(s1 == NULL || s2 == NULL)          //有效性检验
        throw "Input error! ";

    while( * s1! = '\0' && * s2! = '\0')    //字符串都未结束
    {
        if( * s1 > * s2)        return 1;
        else if( * s1 < * s2)   return - 1;
        s1 ++ ;
        s2 ++ ;
    }
    //循环结束后比较
    if( * s1 > * s2)              return 1;
    else if( * s1 > * s2)         return 1;
    else                          return 0;
}
```

2. 优化

(1) 数学建模

字符比较法在循环内和循环外分别进行了重复比较,造成了代码冗余,可否对其进行优化呢?

代码冗余的原因,主要是字符结束符"\0"既用来作为循环结束条件,又是用来比较字符串大小的因素,那么可以尝试将以上两点合二为一进行判断。比如:使用 * s1 == * s2 而不是 * s1! = '\0' 来判别循环结束条件。

(2) 编程方法

针对上述思想,代码实现如下。

```
int Strcmp(const char * s1,const char * s2)
{
    if(s1 == NULL || s2 == NULL)          //有效性检验
        throw "Input error! ";

    while ( * s1 == * s2)                  //关键——循环条件
    {
        if ( * s1 == '\0')   return 0;
            s1 ++ ;
            s2 ++ ;
    }
    if ( * s1 > * s2)         return 1;
    else                      return  - 1;
}
```

最后,编写一个测试函数来验证该算法的正确性,并评估执行效率。假设字符串的长度

为 n，那么该算法的时间复杂度为 $O(n)$。

```
void main()
{
    char * s1 = "This is a problem.";
    char * s2 = "This is my problem.";
    cout << Strcmp (s1,s2)<< endl;          //调用字符比较算法
}
```

运行结果如下：

-1

7.1.3 字符串统计

问题：统计字符串中字符出现的次数。假设任意输入一个不限长度的字符串，比如"This is a problem which can be solved by data structure method."，如何统计其中每一个字符的出现次数？（假设都是英文字符）

1. 字符比较法

（1）数学建模

要统计一个字符串中字符出现的次数，很容易想到的解决方法就是一个字符一个字符地读，然后判断该字符是哪一个字符，若该字符已经出现过，则计数加 1；否则增加一个新的字符，计数为 1。

（2）编码方法

按照字符比较法的思想，C++代码实现如下。首先需要定义一个用来存储统计数据的**存储结构**，比如结构体数组，具体如下。

```
struct RESULT{                    //定义一个结构体,存储字符统计的结果
    char ch;                      //存储字符
    int num;                      //存储此字符出现的次数
};


RESULT r[128];
void CountChar1(char * s, RESULT r[], int& n)    //字符统计算法
{
    n = 0;                        //记录不同字符的个数
    while ( * s! = '\0'){         //字符串未结束
        int i;
        for(i = 0; i<n; i++)      //①检测该字符是否已出现过
            if (r[i].ch == * s){
                r[i].num ++ ;
```

```
                break;
            }
        if (i == n){                        //字符未出现,则新增字符计数
            r[n].ch = * s;
            r[n].num = 1;
            n ++ ;
        }
        s ++ ;
    }
}
```

最后,编写一个测试函数来验证上述算法的正确性,并评估执行效率。假设字符串的长度为 m,那么该算法的时间复杂度为 $O(mn)$。

```
void main(){
    char s[] = "This is a problem which can be solved by data structure method.";
    int n = 0;
    CountChar1(s, r, n);                        //调用字符统计算法
    for (int i = 0;i < n;i ++ )
        cout << r[i].ch <<" : "<< r[i].num << endl;        //输出统计结果
}
```

运行结果如下:

```
T : 1
h : 4
i : 3
……    //省略
```

2. hash 计算法

(1)数学建模

除了字符比较法,是否还有其他的方法能够具有更低的时间复杂度或者使用更少的代码也能完成该任务? 我们分析上述字符统计算法中最为耗时的地方:每读一个字符,都需要和已统计过的 RESULT 数组中的字符重新一一比较,再计数,见代码中标①的部分。若是我们能够通过计算而不是比较知道该字符是否已经统计过,那么我们就可以将算法的时间复杂度降为 $O(m)$。

可以借鉴 hash 思想解决该问题。比如,可以使用**字符 ASCII 码值作为字符储存的位置**,每读一个字符就直接定位该字符次数的存储位置,从而直接计数。该方法的关键在于保存**字符次数的存储结构**。

(2)编程方法

基于 hash 思想,可以使用下面的**存储结构**来存储统计结果:int chnum[128]={0}。字符统计算法也可以更加简练,即每读一个字符,直接在该字符对应 ASCII 码值的位置计数,

新的字符统计算法如下。

```
void CountChar2(char * s, intchnum[]){
    while ( * s! = '\0'){
        chnum[ * s]++ ; //关键——字符 ASCII 码值作为字符储存的位置,直接计数
        s++ ;
    }
}
```

最后,编写一个测试函数来验证该算法的正确性,并评估执行效率。假设字符串的长度为 m,那么该算法的时间复杂度为 $O(m)$。

```
void main(){
    char s[] = "This is a problem which can be solved by data structure method.";
    CountChar2(s,chnum);              //调用字符统计算法
    for (int i = 0;i < 128;i++)
        if (chnum[i]! = 0)            //输出统计结果
            cout <<(char)i <<" : "<< chnum[i]<< endl;
}
```

运行结果如下:

```
  : 12      //空格
. : 1
T : 1
a : 4
……      //省略
```

比较 CountChar1() 和 CountChar2() 的运行结果可以发现,除了打印顺序不同外,二者实现了同样的功能。从算法可以看出,二者使用了不同的存储结构来存储数据,不同的存储结构对应不同的算法实现。显然,后者的代码更加简练,时间复杂度更低,执行效率更高。

思考:若字符串中既包含英文又包含中文,如何统计字符串中的中英文字符个数?

7.2　字符串相似度问题

问题:定义一套操作方法来把两个不同的字符串变成相同的字符串,具体的操作方法如下:
① 修改一个字符(例如把"a"替换为"b");
② 增加一个字符(例如把"ab"变为"abc");
③ 删除一个字符(例如把"helloo"变为"hello")。

我们把将一个字符串修改成另一个字符串所操作的次数定义为两个字符串的距离,而相似度等于"距离+1"的倒数,比如:"abc"和"abd"的距离为1,相似度为 $1/2＝0.5$。给定任意两个字符串,利用一个算法来计算出它们的相似度。

测试用例:求"abcdefg"和"abcdef"的相似度。

7.2.1　算法实践——编辑距离

(1) 数学建模

我们定义两个字符串 A 和 B,$lenA$ 和 $lenB$ 分别是 A 和 B 的长度,若 A 和 B 的第一个字符是相同的,则只需计算 $A[2,\cdots,lenA]$ 和 $B[2,\cdots,lenB]$ 的距离即可。若两个字符串的第一个字符不相同,可进行如下操作:

① 删除 A 的第一个字符,然后计算 $A[2,\cdots,lenA]$ 和 $B[1,\cdots,lenB]$ 的距离;

② 删除 B 的第一个字符,然后计算 $A[1,\cdots,lenA]$ 和 $B[2,\cdots,lenB]$ 的距离;

③ 将 A 的第一个字符修改为 B 的第一个字符,然后计算 $A[2,\cdots,lenA]$ 和 $B[2,\cdots,lenB]$ 的距离;

④ 将 B 的第一个字符修改为 A 的第一个字符,然后计算 $A[2,\cdots,lenA]$ 和 $B[2,\cdots,lenB]$ 的距离;

⑤ 将 B 的第一个字符添加到 A 的第一个字符之前,然后计算 $A[1,\cdots,lenA]$ 和 $B[2,\cdots,lenB]$ 的距离;

⑥ 将 A 的第一个字符添加到 B 的第一个字符之前,然后计算 $A[2,\cdots,lenA]$ 和 $B[1,\cdots,lenB]$ 的距离。

但是,我们只关心两个字符串的相似度而对变换后的字符串没有兴趣。所以,可对上面的6步操作进行合并。

① 一步操作之后,再将 $A[2,\cdots,lenA]$ 和 $B[1,\cdots,lenB]$ 变成相似字符串。

② 一步操作之后,再将 $A[2,\cdots,lenA]$ 和 $B[2,\cdots,lenB]$ 变成相似字符串。

③ 一步操作之后,再将 $A[1,\cdots,lenA]$ 和 $B[2,\cdots,lenB]$ 变成相似字符串。

(2) 编程方法

给定两个字符串 A 和 B,可通过递归的方法来实现该算法,C++代码如下:

```cpp
int CalculateStringDistance(string strA, int ABegin, int AEnd, string strB, int BBegin, int BEnd){
    if(ABegin > AEnd){
        if(BBegin > BEnd)
            return 0;
        else
            return BEnd - BBegin + 1;
    }
    if(BBegin > BEnd){
        if(ABegin > AEnd)
            return 0 ;
        else
            return AEnd - ABegin + 1;
    }
    if(strA[ABegin] == strB[BBegin])
```

```
            return CalculateStringDistance(strA,ABegin+1,AEnd,strB,BBegin+1,BEnd);
        else{
            int t1 = CalculateStringDistance(strA,ABegin+1,AEnd,strB,BBegin,BEnd)+1;
            int t2 = CalculateStringDistance(strA,ABegin+1,AEnd,strB,BBegin+1,BEnd)+1;
            int t3 = CalculateStringDistance(strA,ABegin,AEnd,strB,BBegin+1,BEnd)+1;
            int tmin = t1 < t2? t1:t2;
            return tmin < t3? tmin:t3;
        }
    }
float CalculateStringSimilarity(string strA, string strB){
        int distance = CalculateStringDistance(strA,0,strA.length()-1,strB,0,
        strB.length()-1);
        float similarity = 1 / (float)(distance+1);
        return similarity;
    }
```

7.2.2 算法实践——最小操作次数

（1）数学建模

给定字符串 A 和字符串 B，A_i 为字符串 A 的前 i 个字符，B_j 为字符串 B 的前 j 个字符，设 $L(i,j)$ 为使两个字符串 A_i 和 B_j 相等的最小操作次数。

① 当 $A_i=B_j$ 时，$L(i,j)=L(i-1,j-1)$。

② 当 $A_i \neq B_j$ 时：

a. 若将它们修改为相等，则对两个字符串至少还要操作 $L(i-1,j-1)$ 次；

b. 若删除 A_i 或在 B_j 后添加 A_i，则对两个字符串至少还要操作 $L(i-1,j)$ 次；

c. 若删除 B_j 或在 A_i 后添加 B_j，则对两个字符串至少还要操作 $L(i,j-1)$ 次。

（2）编程方法

给定两个字符串 A 和 B，该算法的C++代码如下：

```
int minValue(int A, int B, int C){
    int tmin = A < B?A:B;
    return tmin < C? tmin:C;
}
int CalculateStringDistance(string strA, string strB){
    int lenA = strA.length();
    int lenB = strB.length();
    int L[lenA+1][lenB+1];

    for (int i = 0; i <= lenA; i++){
        L[i][0] = i;
```

```
        }
        for (int j = 0; j <= lenB; j ++){
            L[0][j] = j;
        }
        L[0][0] = 0;

        for (int i = 1; i <= lenA; i ++){
            for (int j = 1; j <= lenB; j ++){
                if (strB[j - 1] == strA[i - 1])
                    L[i][j] = L[i - 1][j - 1];
                else
                    L[i][j] = minValue(L[i][j - 1], L[i - 1][j],L[i - 1][j - 1]) + 1;
            }
        }

        return L[lenA][lenB];
}
float CalculateStringSimilarity(string strA, string strB){
    int distance = CalculateStringDistance(strA,strB);
    float similarity = 1 / (float)(distance + 1);
    return similarity;
}
```

最后,给出一个测试主函数 main() 来验证算法:

```
# include < iostream >
# include < string >
using namespace std;
int main(){
    string strA = "abcdefg";
    string strB = "abcdef";
    float similarity = CalculateStringSimilarity(strA, strB);
cout << "两个字符串的相似度为:" << similarity << endl;
    return 0;
```

输出结果如下:

两个字符串的相似度为 0.5

7.2.3　算法实践——最长公共子序列

1) 数学建模

计算字符串相似度的又一类方法是最长公共子序列(Longest Common Subsequence,

LCS)算法。那么，什么是最长公共子序列呢？例如，数列 S 如果分别是两个或多个已知数列的子序列，且是所有符合此条件序列中最长的，则 S 称为已知序列的最长公共子序列。

例如：输入两个字符串 BDCABA 和 ABCBDAB，字符串 BCBA 和 BDAB 都是它们的最长公共子序列，则输出 BCBA 和 BDAB 的长度 4，并打印任意一个子序列。

注意，子序列（Subsequence）不改变序列的顺序，它是从序列中去掉任意的元素而获得的新序列，不必是连续的。比如字符串 acdfg 和 akdfc 的最长公共子序列是 adf。因此，我们可以使用字符串最长公共子序列的长度，并综合考虑待比较字符串对的长度，来计算其相似度。

（1）穷举法

解最长公共子序列问题时最容易想到的算法是穷举法，即对 X 的每一个子序列，检查它是否也是 Y 的子序列，从而确定它是否为 X 和 Y 的公共子序列，并且在检查过程中选出最长的公共子序列。X 和 Y 的所有子序列都检查过后即可求出 X 和 Y 的最长公共子序列。X 的一个子序列相应于下标序列 $\{1,2,\cdots,m\}$ 的一个子序列，因此，X 共有 2^m 个不同子序列（Y 亦如此，例如有 2^n 个不同子序列），从而穷举法需要指数时间 $2^m \cdot 2^n$。

（2）动态规划算法

事实上，最长公共子序列问题也有最优子结构性质。

记

$$X_i = <x_1,x_2,\cdots,x_i>,\text{即 }X\text{ 序列的前 }i\text{ 个字符 }(1\leqslant i\leqslant m)\text{（前缀）};$$
$$Y_j = <y_1,y_2,\cdots,y_j>,\text{即 }Y\text{ 序列的前 }j\text{ 个字符 }(1\leqslant j\leqslant n)\text{（前缀）};$$
假定 $Z=<z_1,z_2,\cdots,z_k>\in \mathrm{LCS}(X,Y)$。

若 $x_m=y_n$（最后一个字符相同），则不难用反证法证明：该字符必是 X 与 Y 的任一最长公共子序列 Z（设长度为 k）的最后一个字符，即有 $z_k=x_m=y_n$，且显然有 $Z_{k-1}\in \mathrm{LCS}(X_{m-1},Y_{n-1})$，即 Z 的前缀 Z_{k-1} 是 X_{m-1} 与 Y_{n-1} 的最长公共子序列。此时，问题划归成证明 X_{m-1} 与 Y_{n-1} 的 $\mathrm{LCS}(X,Y)$ 的长度等于 $\mathrm{LCS}(X_{m-1},Y_{n-1})$ 的长度加 1，即 $\mathrm{LCS}(X,Y)=\mathrm{LCS}(X_{m-1},Y_{n-1})+1$。

若 $x_m\neq y_n$，则亦不难用反证法证明：要么 $Z\in \mathrm{LCS}(X_{m-1},Y)$，要么 $Z\in \mathrm{LCS}(X,Y_{n-1})$。由于 $z_k\neq x_m$ 与 $z_k\neq y_n$ 之中至少有一个必成立，若 $z_k\neq x_m$ 则有 $Z\in \mathrm{LCS}(X_{m-1},Y)$，类似地，若 $z_k\neq y_n$ 则有 $Z\in \mathrm{LCS}(X,Y_{n-1})$。此时，问题划归成求 $\mathrm{LCS}(X_{m-1},Y)$ 或 $\mathrm{LCS}(X,Y_{n-1})$ 的问题，即 $\mathrm{LCS}(X,Y)=\max\{\mathrm{LCS}(X_{m-1},Y),\mathrm{LCS}(X,Y_{n-1})\}$

由于上述 $x_m\neq y_n$ 的情况中，求 $\mathrm{LCS}(X_{m-1},Y)$ 的长度与求 $\mathrm{LCS}(X,Y_{n-1})$ 的长度，这两个问题不是相互独立的，所以两者都需要求 $\mathrm{LCS}(X_{m-1},Y_{n-1})$ 的长度。另外，两个序列的 LCS 中包含了两个序列的前缀的 LCS，故问题具有最优子结构性质，用 $c[i][j]$ 表示 $\mathrm{LCS}(X_i,Y_j)$ 的长度，可得到如下公式：

$$c[i][j]=\begin{cases}0, & i=0\text{ 或 }j=0\\ c[i-1][j-1]+1, & i,j>0\text{ 且 }x_i=y_j\\ \max(c[i-1][j],c[i][j-1]), & i,j>0\text{ 且 }x_i\neq y_j\end{cases}$$

以求字符串 BDCABA 和字符串 ABCBDAB 的最长公共子序列为例，其算法过程如图 7-2 所示。图中阴影的方格↖对应的位置为最长公共子序列。

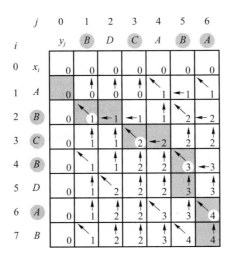

图 7-2　求解最长公共子序列问题示意图

2）编程方法

整个问题的求解过程分为 3 步，求解 LCS 长度，根据 LCS 长度矩阵打印最长公共序列，以及测试算法的正确性。

① 基于动态规划，LCS 算法的 C++ 代码实现如下：

```cpp
void LCSLength (string x, string y, vector < vector < int >> &c, vector < vector
< char >> &b) {
    int m = x.size();
    int n = y.size();
    c.resize(m + 1);
    b.resize(m + 1);
    for(int i = 0; i < c.size(); ++ i)        c[i].resize(n + 1);
    for(int i = 0; i < b.size(); ++ i)        b[i].resize(n + 1);
    for(int i = 1; i <= m; ++ i){
        for(int j = 1; j <= n; ++ j){
            if (x[i - 1] == y[j - 1]){
                c[i][j] = c[i - 1][j - 1] + 1;
                b[i][j] = 'c';
            }
            else if(c[i - 1][j] >= c[i][j - 1]){
                c[i][j] = c[i - 1][j];
                b[i][j] = 'u';
            }
            else{
                c[i][j] = c[i][j - 1];
                b[i][j] = 'l';
```

```
                }
            }
        }
    }
```

② 根据得到的 LCS 的长度矩阵,采用递归法打印最长公共字串:

```
void print_LCS (vector < vector < char >> &b ,string x, int i, int j){
    if(i == 0 || j == 0)    return;
    if(b[i][j] == 'c'){
            print_LCS (b,x,i-1,j-1);
            cout << x[i-1];
    }
    else if(b[i][j] == 'u')
        print_LCS (b,x,i-1,j);
    else
        print_LCS (b,x,i,j-1);
}
```

③ 编写测试函数,测试算法的正确性。

```
int main(){
    string x, y;
    cin >> x >> y;
    vector < vector < int >> c;
    vector < vector < char >> b;
    LCSLength (x, y, c, b);
    print_LCS(b, x, x.size(), y.size());
    return 0;
}
```

运行结果如下。
输入:ABCBDAB
　　　BDCABA
输出:BCBA

7.3　字符串匹配问题

问题:在一个文本字符串 S 中,找出模式串 T 是否出现,并找出 T 第 1 次在文本串 S 中出现的位置;若找不到,返回 -1。

比如:$S=$“This is a world”,$T=$“is”,返回 5;

　　　$S=$“This is a world”,$T=$“word”,返回 -1。

7.3.1　算法实践——BF 算法

（1）数学建模

BF(Brute Force)算法又称为朴素模式匹配算法,其基本思想是将模式串 T 的各个字符依次与目标串 S 进行比较,如果 T 的全部字符比较完成后都与 S 的对应字符相同,则说明在目标串 S 中已经找到模式串 T。如果比较到某个字符不同,则将模式串 T 与目标串 S 的下一个字符开始重新比较。不妨设目标串 S 和模式串 T 比较的字符下标分别为 i 和 j,图 7-3 给出了 BF 算法的示意图。

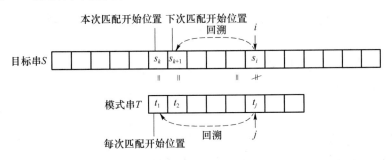

图 7-3　BF 算法示意图

在 BF 算法中,当一次比较不成功时,i 需要回溯到本次起始位置的下一个位置。假定本次起始位置为 k,则有如下等式:

$$i - k = j - 1$$

由此,$k = i + 1 - j$,因此 i 应回溯到 $i + 2 - j$。图 7-4 给出了在目标串"aacaaba"中匹配模式串"aab"的过程。

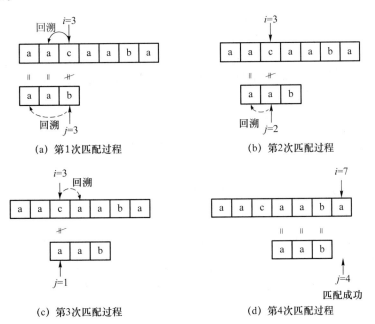

图 7-4　BF 算法匹配过程

（2）编程方法

BF 算法的设计代码如下。注意：在 C++ 中位置等于数组下标加 1。

```
int BF(char S[], char T[])
{
    int i = 0,  j = 0;   //初始化 S 的下标 i 和 T 的下标 j
    while (S[i]! = '\0'  &&  T[j]! = '\0')
    {
        if (S[i] == T[j]) { i++; j++; } //如果 Si = Tj,继续比较下一个字符
        else {i = i - j + 1;  j = 0; }      //指针后退重新开始匹配
    }
    if (T[j] == '\0')  return i - j + 1;
    else   return 0;
}
```

通过字符的比较次数来简单分析算法的时间复杂度。设主串（目标串）长度为 n，模式串长度为 m，最好的情况下：第 1 次比较就成功，则时间复杂度为 $O(m)$；最坏的情况下，每次比较到最后一个字符发现不匹配，一直到最后一次匹配成功或失败，则时间复杂度为 $O(nm)$。一般来说，$n \gg m$，因此在最好的情况下，BF 算法匹配成功的平均时间复杂度为 $O(n)$。

7.3.2 算法实践——KMP 算法

（1）数学建模

KMP(Knuth-Morris-Pratt)算法是 BF 算法的改进。BF 算法的特点是匹配过程简单，易于理解，但是算法效率不高，其原因是每次匹配不成功，只能回溯到上次起始位置的下一个位置。实际上，很多回溯是不必要的。

这里需要首先给出前缀子串和后缀子串的概念。

- 前缀子串：指该串从第 1 个字符到某个位置的字符构成的子串。例如"aacaaba"的前缀子串有"a""aa""aac""aaca"等。
- 后缀子串：指该串从某个位置的字符到最后一个字符构成的子串。例如"aacaaba"的后缀子串有"a""ba""aba""aaba"等。

对于 BF 算法，每次匹配不成功时，模式串（子串）需要回溯到开头，目标串（主串）需要回溯到上次起始位置的下一个位置。而如果事先对模式串进行分析，则不需要回溯主串，因为主串从上次起始位置到匹配不成功的前一个位置构成的子串肯定是模式串的前缀子串，其信息通过先前对模式串的分析已经得到。

例如，设主串为"aacaaba"，模式串为"aab"，当第 1 次匹配不成功，即主串的第 3 个字符

"c"不等于模式串的第 3 个字符"b"时,主串前 2 个字符构成的子串"aa"显然是模式串的前缀子串,如图 7-5(a)所示。若采用 BF 算法,则需要从主串的第 2 个字符重新开始匹配。而实际上,通过分析模式串可知,由于模式串的前两个字符相同,主串的第 2 个字符"a"肯定与模式串的第 1 个字符"a"相同,因此不需要匹配这两个字符,只需要从主串的第 3 个字符"c"与模式串的第 2 个字符"a"重新开始匹配即可,如图 7-5(b)所示。

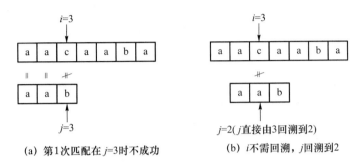

(a) 第1次匹配在j=3时不成功　　　　(b) i不需回溯,j回溯到2

图 7-5　回溯方式的改进

上述匹配过程显然加快了匹配速度,这就是 KMP 算法的思想。KMP 算法由 Knuth D E、Morris J H 和 Pratt V R 同时发现,因此人们称它为 Knuth-Morris-Pratt 算法(简称 KMP 算法)。该算法中,主串不进行回溯,模式串回溯的位置由该串内容及出现不匹配的位置决定。通常为模式串构造 next 数组存储回溯位置,数组长度为模式串的长度,当模式串的第 j 个字符与主串不匹配时,则将 j 回溯到 next[j]位置。特别地,令 next[1]=0,即模式串的第一个字符(j=1)匹配不成功时,j 回溯值为 0,表示要将主串下标 i 和子串下标 j 都移向下一个位置,两下标都分别指向下一个位置后,重新开始匹配。

通过以上分析可知,next 数组的构造仅与模式串有关,这是 KMP 算法的关键步骤。前面已经讨论了当 j=1 时 next[j]的取值,当 j 指向其他字符出现匹配失败时,next[j]的取值该如何计算呢?

当 j=2 时,模式串的第 2 个字符匹配不成功,第一种情况,若模式串的第 1 个字符与第 2 个字符不同,j 应回溯到 1,即 next[2]=1,重新开始匹配,如图 7-6(a)所示;第 2 种情况,若模式串的第 1 个字符与第 2 个字符相同,显然主串下标 i 对应的字符不可能与模式串的第 1 个字符相同,因此 j 可回溯到 0,即 next[2]=0,然后将主串下标 i 和子串下标 j 都移向下一个位置,重新开始匹配,如图 7-6(b)所示。需要指出的是,第 2 种情况也可以采用第 1 种情况的方式处理,两种情况的操作本质上是等价的,因为若按第 1 种情况的处理方式,让 j 回溯到 1,显然匹配不成功,j 继续回溯为 next[1],即 j=0,将主串下标 i 和子串下标 j 都移向下一个位置,重新开始匹配,与第 2 种情况的处理方式本质上完全相同,只是第 1 种情况的处理方式是模式串的第 1 个字符与主串的字符进行比较,第 2 种情况的处理方式是模式串的第 1 个字符与不匹配字符进行比较,如图 7-6(c)所示。综上所述,只需要设置 next[2]=1。

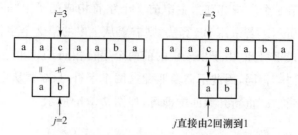

(a) 模式串的第1个字符与第2个字符不同时的回溯

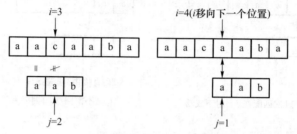

(b) 模式串的第1个字符与第2个字符相同时的回溯(方式一)

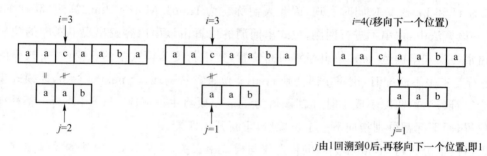

(c) 模式串的第1个字符与第2个字符相同时的回溯(方式二)

图 7-6 $j=2$ 匹配不成功时的回溯

下面讨论一般情况。通过分析 $j=2$ 时的情况不难发现，当匹配不成功时，模式串的回溯位置实际上由一个因素决定，即模式串已匹配成功子串是否存在后缀子串与前缀子串相同的情况，若存在，则回溯位置为前缀子串下一个字符的位置；若不存在，则直接回溯到模式串的第 1 个字符位置。例如，设定模式串为"ababc"，当下标 $j=5$ 时匹配不成功，则主串的内容必为"…ababX…"，X 表示主串匹配不成功的字符，即下标 i 对应的字符。由于模式串的后缀子串"ab"也是前缀子串，因此 j 应回溯到 3，即模式串中前缀子串"ab"的下一个字符的位置，如图 7-7(a)所示。若后缀子串都不是前缀子串，则 j 可回溯到 1，如图 7-7(b)所示。

通过以上分析，可以总结出 next 数组的取值如下：

$$next[j]=\begin{cases}0, & j=1 \\ 1, & j=2 \text{ 或 } j>2 \text{ 且不存在满足条件的前缀子串} \\ k+1, & j>2 \text{ 且 } k \text{ 为满足条件的最长前缀子串长度}\end{cases}$$

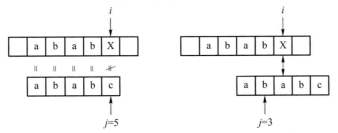

j回溯到前缀子串"ab"的下一个字符位置

(a) 模式串的后缀子串也是前缀子串时j的回溯

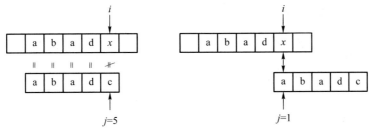

j由5回溯到0后,再移向下一个位置,即1

(b) 模式串的后缀子串不是前缀子串时 j 的回溯

图 7-7　一般情况匹配不成功时的回溯

如何寻找满足条件的最长前缀子串呢？设模式串为 $T=“t_1t_2\cdots t_m”$，所指位置匹配不成功，则需要在子串 $M=“t_1t_2\cdots t_{j-1}”$ 中寻找最长子串，该子串既是 M 的前缀子串，又是 M 的后缀子串。设 $p=\text{next}[j-1]$，下面分几种情况考虑。

若 $p=1$，说明 $j-1$ 位置匹配不成功时直接回溯到 1，当 j 所指位置匹配不成功时，则需要比较字符 t_1 与 t_{j-1} 是否相同。

① 若 t_1 与 t_{j-1} 相同，则 j 回溯到 2。例如，设模式串为"abax"，则 $\text{next}[4]=2$。

② 若 t_1 与 t_{j-1} 不同，则 j 回溯到 1。例如，设模式串为"abx"，则 $\text{next}[3]=1$。

若 $p>1$，则说明字符串"$t_1t_2\cdots t_{p-1}$"与字符串"$t_{j-p}t_{j-p+1}\cdots t_{j-2}$"相同，只需比较字符 t_p 与 t_{j-1} 是否相同。

① 若 t_p 与 t_{j-1} 相同，说明字符串"$t_1t_2\cdots t_p$"是满足条件的最长前缀子串，则 j 应回溯到 $p+1$。例如，设模式串为"ababx"，则 $\text{next}[4]=2$，$\text{next}[5]=3$。

② 若 t_p 与 t_{j-1} 不相同，则满足条件的最长前缀子串只可能存在于字符串"$t_{j-p}\cdots t_{j-2}t_{j-1}$"中，接下来在该字符串中继续搜索，不难发现最长前缀子串实际上就是"$t_1\cdots t_{\text{next}[p]-1}$"。例如模式串为"ababcababax"，显然 $\text{next}[5]=4$，$\text{next}[10]=5$，x 字符匹配不成功时，需要在"ababa"中寻找满足条件的最长前缀子串，显然"aba"是满足条件的子串，因此 $\text{next}[11]=\text{next}[5]=4$。

（2）编程方法

下面给出 next 数组的构造函数。

```
void getNext(char t[], int next[], int n)
{
```

```
    int j;                        //j都是位置,不是下标
    next[1] = 0;                  //初始化 next[1]和 next[2]
    next[2] = 1;

    for (j = 3; j <= n; j++){
        int p = next[j - 1];
        do {
            if (t[p - 1] == t[j - 1 - 1]) {
                next[j] = p + 1;
                break;
            }
            else {
                p = next[p];
            }
        } while (p > 0);
        if (p == 0)   next[j] = 1;
    }
}
```

下面给出 KMP 的C++算法描述。

```
int kmp(char s[], char t[], int next[], int n)
{
    int i = 1, j = 1;                          //i,j都是位置,不是下标
    getNext(t, next, n);
    while (s[i - 1]! = '\0' && t[j - 1]! = '\0') {
        if (s[i - 1] == t[j - 1]) {
            i++; j++;
        }
        else {
            j = next[j];
        }
        if (j == 0) {
            j++;  i++;
        }
    }
    return j >= n? i - n : 0;
}
```

KMP 算法不需要对主串进行回溯,相对于 BF 算法做了很大的改进,算法的时间复杂度为 $O(m+n)$。这里给出测试主函数:

```
# include < iostream >
# include < cstring >
using namespace std;
int main() {
    char t[20];
    cin >> t;
    int next[20];
    kmp(s,t,next,strlen(t));

    for (int i = 1;i <= strlen(t);i ++ )
        cout << next[i]<<'\t';
    return 0;
}
```

运行结果如下:

abababcababax

0　1　1　2　3　1　2　3　4　5　4

7.4　AC 自动机

7.4.1　问题分析

1. 问题

我们已经了解了 BF 算法和 KMP 算法,这两个算法都是在一个文本字符串 text 中,匹配一个模式串 T 的算法。那么若要同时匹配多个模式串 $T_1,T_2,T_3\cdots$,找出多个模式串 $T_1,T_2,T_3\cdots$是否出现,并指出其出现在文本字符串中的位置,该如何编写算法?

2. 数学建模

(1) 方法一

暴力匹配是解决该问题的一种显而易见的方法,将每个模式串 T_i 与文本字符串进行匹配,如果命中则记录位置。这样做的复杂度为 O(模式串个数·模式串长度·文本字符串长度)。

在暴力匹配方法中,会有很多的重复工作。假如有两个模式串"cat"和"catch",两者有相同的前缀,对于文本字符串,如果其和"cat"都不匹配,那么就没有必要再和同样前缀的"catch"比较了。这说明我们在将文本字符串一遍一遍地和不同模式串进行比较时,没有充分利用所有模式串的前缀特征。

　　另外，暴力算法中，模式串第 j 位失配，默认把模式串后移一位。但在前一轮的比较中，我们知道模式串的前 $j-1$ 位与文本字符串中间对应的某 $j-1$ 个元素已经匹配成功了。这就意味着，在一轮的尝试匹配中，我们读到了主串的部分内容，可以利用这些内容，让模式串多移几位。

　　上述内容对应了两个优化方法，Trie 树和失配指针。利用这两个优化方法可以得到一个复杂度近似只与文本字符串长度成正比的 AC 自动机算法。

　　（2）方法二

　　AC 自动机算法，即 Aho-Corasick 算法是由 Alfred V. Aho 和 Margaret J. Corasick 发明的字符串搜索算法，该算法可以使一个文本字符串同时与多个模式串进行匹配。UNIX 系统中的一个命令"fgrep"就是以 AC 自动机算法为基础来实现的。

　　AC 自动机算法主要依靠构造一个有限状态机（在一个 Trie 树中添加失配指针）来实现。这些额外的失配指针允许在查找字符串失败时进行回退，转向某前缀的其他分支，免于重复匹配前缀，从而提高算法效率。

7.4.2　工程实践

　　接下来我们利用C++构造一个 AC 自动机。输入一个文本字符串和多个模式串，输出匹配的模式串和在文本字符串中的匹配位置。构造 AC 自动机分为以下 3 步：

　　① 处理模式串集合构造 Trie 树；

　　② 根据 Trie 树添加失配指针；

　　③ 对文本字符串进行多模式匹配。

　　我们需要定义一个类，这个类的成员变量包括 Trie 树、模式串集合和搜索结果的记录项，以及构建 Trie 树和失配指针、执行搜索、显示结果的函数：

```
//AC 自动机实现类
class AC_Class
{
private:
    Node * root;                                    //Trie 树根节点
    std::vector<std::string> pattern;               //模式串
    std::vector<SearchResult> res;
public:
    AC_Class(std::vector<std::string> pattern);
    void MakeTrieTree(std::vector<std::string> pattern);
                                                    //构造带有失配指针的 Trie 树
    void AddNode(const std::string& ch, int index);
    void NodeToQueue(Node * node, std::queue<Node *>& q);
    void BuildFailPointer();                        //构建失配指针
    std::vector<SearchResult> Search(const std::string& ch);  //搜索
    void DisplayPattenStr();                        //显示模式串
```

```
    void DisplaySearchRes();                    //显示当前搜索结果
};

AC_Class::AC_Class(std::vector<std::string> pattern) //构造 AC 自动机函数
{
    root = new Node();
    this->pattern = pattern;
    MakeTrieTree(pattern);
}
```

假设我们有模式串集合 $P = \{$"he", "she", "his", "hers"$\}$，需要构造 Trie 树，结构如图 7-8 所示。

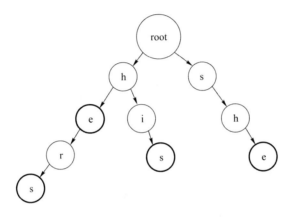

图 7-8　根据模式串集合构造的 Trie 树

从图 7-8 可以看出，从根节点 root 开始，按照有向边走到一个黑色加粗的圆圈，途经的节点就可以组成一个词，两个有着相同前缀的词如"he"和"hers"就拥有"root-h-e"这条共有路径。

为了实现上述结构，我们需要定义结构体 Node，表示每一个节点，节点需要包含字符信息、指向其他节点的指针、是否为模式串尾结点的标记以及所代表的模式串的索引。

```
struct Node                      //Trie 树节点
{
    int index;        //如果是模式串的末尾字符，就标记为模式串索引，否则为 -1
    char ch;                     //节点保存的字符
    Node * parent;               //节点的父节点指针
    vector<Node *> next;         //节点的子节点指针
    Node * fail;                 //失配指针
    Node()
    {
        index = -1;
        fail = NULL;
```

```
            parent = NULL;
        }
    };
```

步骤一为构建 Trie 树。构建 Trie 树的思路比较简单，将每个模式串从根节点开始逐字符加入到树中，在模式串的尾结点上写入当前模式串的索引即可。

```cpp
void AC_Class::MakeTrieTree(std::vector<std::string> pattern)//构造 Trie 树
{
    for (int i = 0; i < pattern.size(); i++)
    {
        AddNode(pattern[i], i);
    }
    BuildFailPointer();
}


void AC_Class::AddNode(const string &str, int index)
{
    int len = str.length();
    if (len == 0) return;
    Node * p = root;

    for (int i = 0; i < len; ++i)
    {
        Node * tempNode = new Node();
        tempNode->parent = p;
        tempNode->ch = str[i];
        bool flag = false;
        for(int k = 0; k < p->next.size(); ++k)
        {
            if(p->next[k]->ch == str[i])
            {
                flag = true;
                p = p->next[k];
                break;
            }
        }
        if(flag == false)
        {
            p->next.push_back(tempNode);
```

```
            p = p -> next[p -> next.size() - 1];
        }
    }
    p -> index = index;
}
```

步骤二为构造失配指针。当文本字符串在 Trie 树中进行匹配的时候,如果当前节点不能再继续进行匹配,那么就会走到当前节点的失配指针指向的节点继续进行匹配。

构造失配指针的过程细分为以下两步。

① 根节点的儿子节点,失配指针直接指向根节点(如图 7-9 所示)。

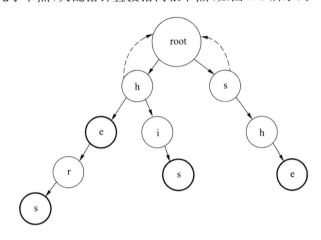

图 7-9　构造失配指针第 1 步

② 如图 7-10 所示,对于其他节点,设这个节点上的字母为 c,沿着父节点回溯,如果回溯到一个儿子节点中有字母为 c 的节点,就把当前节点的失配指针指向那个字母为 c 的节点;如果一直回溯到根节点都没找到满足要求的节点,那就把失配指针指向根节点。

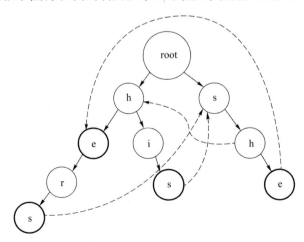

图 7-10　构造失配指针第 2 步

注:图 7-9 和图 7-10 中为了简化,未画出失配指针(虚线)的默认指向根节点。

这个实现的过程,我们显然需要遍历 Trie 树,上述思路很适合树的层次遍历(因为低层节点的失配指针依赖高层节点的失配指针,所以要先处理高层节点,再处理低层节点)。我们借助队列来实现 Trie 树的层次遍历。

```cpp
void AC_Class::NodeToQueue(Node * node, queue < Node * > &q)
{
    if (node != NULL)
    {
        for(int i = 0; i < node->next.size(); ++i)
        {
            q.push(node->next[i]);
        }
    }
}


void AC_Class::BuildFailPointer()
{
    queue < Node * > q;
    for(int i = 0; i < root->next.size(); ++i)
    {
        NodeToQueue(root->next[i], q);
        root->next[i]->fail = root;
    }

    Node * parent, * p;
    char ch;
    while (!q.empty())
    {
        p = q.front();
        ch = p->ch;
        parent = p->parent;
        q.pop();
        NodeToQueue(p, q);

        while (1)
        {
            bool flag = false;
            for(int i = 0; i < parent->fail->next.size(); ++i)
            {
                if(parent->fail->next[i]->ch == ch)
```

```
                    {
                        p -> fail = parent -> fail -> next[i];
                        flag = true;
                    }
                }
                if (flag == false)
                {
                    if (parent -> fail == root)
                    {
                        p -> fail = root;
                        break;
                    }
                    else
                        parent = parent -> fail -> parent;
                }
                else{
                    break;
                }
            }
        }
}
```

步骤三为对文本字符串进行多模式匹配。算法逻辑如下：

```
START：
    While 文本串未结束：
        匹配当前字符；
        If  匹配成功：
          If 当前字符是模式串的终止字符：
                记录结果，转向当前字符失配指针指向节点；
            Else：
                沿该路径走向下一个节点；
        Else：
                转向当前节点失配指针所指向的节点；
END
```

其中，匹配成功后转向失配指针指向节点而不是直接转向根节点的原因是防止重叠的模式串被忽略掉。

我们以字符串"shishe"的匹配过程为例进行讲解。

① shishe 匹配 s 成功（如图 7-11 所示）。

② shishe 匹配 h 成功（如图 7-12 所示）。

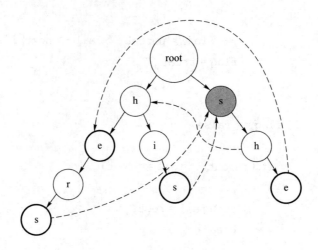

图 7-11　shishe 匹配 s 成功

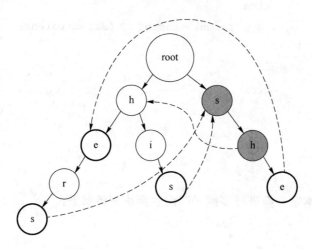

图 7-12　shishe 匹配 h 成功

③ shishe 匹配 i 失败（如图 7-13 所示）。

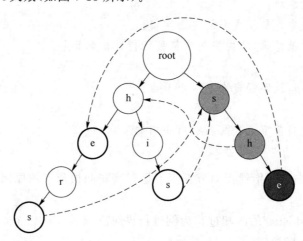

图 7-13　shishe 匹配 i 失败

④ 根据失配指针转向匹配左侧的 h 的子节点，shishe 匹配 i 成功（如图 7-14 所示）。

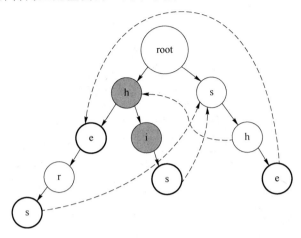

图 7-14　shishe 匹配 i 成功

⑤ shishe 匹配 s 成功，命中模式串 his（如图 7-15 所示）。

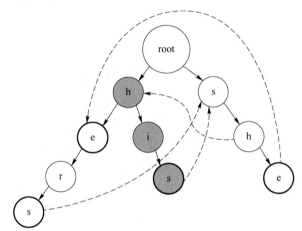

图 7-15　shishe 匹配 s 成功

⑥ shishe 转向 s 的失配指针指向节点继续匹配（如图 7-16 所示）。

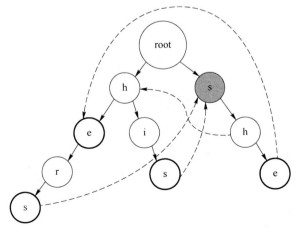

图 7-16　shishe 转向 s 的失配指针指向节点继续匹配

⑦ shi**sh**e 匹配 h 成功（如图 7-17 所示）。

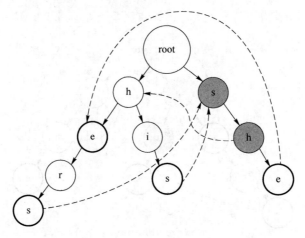

图 7-17　shi**sh**e 匹配 h 成功

⑧ shi**sh**e 匹配 e 成功，命中模式串 she（如图 7-18 所示）。

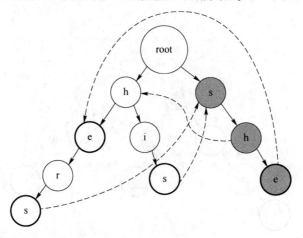

图 7-18　shi**sh**e 匹配 e 成功

⑨ shi**sh**e 转向 e 的失配指针指向节点继续匹配（如图 7-19 所示），由于文本串到结尾，匹配结束。

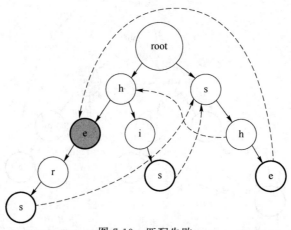

图 7-19　匹配失败

接下来,我们实现 AC 自动机的匹配过程。我们要设计一个结构体 SearchResult 来储存结果项,包含文本串的起始位置和模式串的索引,多个结果项同样用 vector 保存。

```cpp
struct SearchResult{              //搜索结果项
    int position;
    int index;
    SearchResult(int pos,int ind)
    {
        position = pos;
        index = ind;
    }
};
vector < SearchResult > AC_Class::Search(const string &str)
{
    res.clear();
    int len = str.length();
    if (len == 0) return res;
    Node * p = root;
    int i = 0;
    while (i < len) {
        bool flag = false;
        for(int k = 0;k < p -> next.size(); ++ k) {
            if(p -> next[k] -> ch == str[i]) {
                p = p -> next[k];
                if (p -> index ! = - 1)
                    res.push_back(SearchResult(i - pattern[p -> index].
                    length() + 1, p -> index));
                ++ i;
                flag = true;
                break;
            }
        }
        if(flag == false) {
            if (p == root)
                ++ i;
            else{
                p = p -> fail;
                if (p -> index ! = - 1)
                    res.push_back(SearchResult(i - pattern[p -> index].
                    length() + 1, p -> index));
```

```
            }
        }
    }
    while (p != root) {
        p = p->fail;
        if(p->index! =-1)
            res.push_back(SearchResult(i - pattern[p->index].length() +
            1, p->index));
    }
    return res;
}
```

为了在终端显示匹配结果，我们需要设计显示模式串和显示搜索结果的函数：

```
void AC_Class::DisplayPattenStr()
{
    cout << "模式串集合:"<< endl;
    cout << "编号\t" << "目标串" << endl;
    for (int i = 0; i < pattern.size(); ++i)
        cout << i << "\t" << pattern[i] << endl;
}


void AC_Class::DisplaySearchRes()
{
    cout << "匹配结果如下:\n";
    cout << "位置\t" << "编号\t" << "模式串\n";
    for(int i = 0;i < res.size(); ++i)
        cout << res[i].position <<"\t"<< res[i].index <<"\t"<< pattern[res
        [i].index]<< endl;
}
```

最后，编写测试函数对 AC 自动机的功能进行测试：

```
int main()
{
    const int N = 7;                      //模式串个数
    string word[N] = { "he","she","her","AC","不知","知道", "而且" };
    string str = "我也不知道 he she her 有什么区别,而且也不敢问";   //文本串

    vector < string > pattern;
    for (int i = 0;i < N;i++)
```

```
        pattern.push_back(word[i]);

    AC_Class AC_automathine(pattern);  //使用模式串 pattern 构造 AC 自动机

    cout << "文本串:" << endl;
    cout << str << endl << endl;

    AC_automathine.DisplayPattenStr();

    vector<SearchResult> res = AC_automathine.Search(str);
    AC_automathine.DisplaySearchRes();
    return 0;

}
```

运行结果如下:

文本串:

我也不知道 he she her 有什么区别,而且也不敢问

模式串集合:

编号	目标串
0	he
1	she
2	her
3	AC
4	不知
5	知道
6	而且

匹配结果如下:

位置	编号	模式串
4	4	不知
6	5	知道
10	0	he
13	1	she
15	0	he
17	0	he
17	2	her
33	6	而且

7.4.3 扩展思考

1）关于 AC 自动机算法,时间复杂度最大时是什么情况?

答:由于需要找到所有匹配数,如果每个模式串互相匹配(如 a,aa,aaa,aaaa,文本字符串为 aaaaa),算法的时间复杂度会近似于匹配的二次函数。

2）当前的 Trie 树结构存放子节点集合为什么用线性结构而不用哈希结构?

答:这里主要出于对内存消耗的考虑,现实问题中,除了根节点以外,其他节点的子节点不会太多,就像汉语中,"天"字组成的词语不会出现几千个。为了一个"天"字节点开辟一大块内存很浪费。但是,对于根节点的子节点指针,可以考虑使用哈希结构(例如 unordered_set)来提高查找效率。

3）除了 AC 自动机算法以外,还有没有其他多模式匹配算法?

答:如图 7-20 所示,还有在 BM 算法的基础上改进得到的 Wu-Manber 算法。Wu-Manber 算法理论上的复杂度为 $O(BN/m)(1 \leqslant B \leqslant m = \min(\text{strlen}(M)))$,与 AC 自动机算法的复杂度 $O(N)$ 相比,Wu-Manber 算法只有在特定条件下($B \ll m$)才能体现出优势。这个特定条件很苛刻,要求模式串不能太短。而在自然语言处理的场景下,模式串一般不会太长,所以会限制该算法的使用。

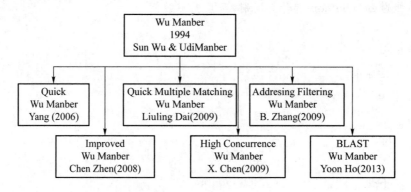

图 7-20　Wu-Manber 算法

对于后面的改进算法,有兴趣的同学可以自行查阅。

7.5　AC 自动机的应用——中文分词

7.5.1　问题分析

中文分词的目标是将中文句子或段落中的词分割开来。例如下面的语句:
"在对中文文本进行信息处理时,常常需要应用中文分词(Chinese Word Segmentation)技术"。对其进行分词后,结果为:

"|在|对|中文|文本|进行|信息|处理|时|，|常常|需要|应用|中文|分词|（Chinese Word Segmentation)|技术|"

分词过程中，对于文本的中英文标点、数字等字符不做处理，只将其与前后的中文使用间隔符隔开即可。

现有的分词方法可分为三大类：基于字符串匹配的分词方法、基于理解的分词方法和基于统计的分词方法。其中基于字符串匹配的分词方法又称机械分词方法，该方法按照一定的策略将待分析的汉字串与一个"充分大的"机器词典中的词条进行匹配，若在词典中找到某个字符串，则匹配成功（识别出一个词）。

这里，我们首先给出分词处理的词库文件，词库文件可以是简单的文本文件，图 7-21 给出了词库样例。

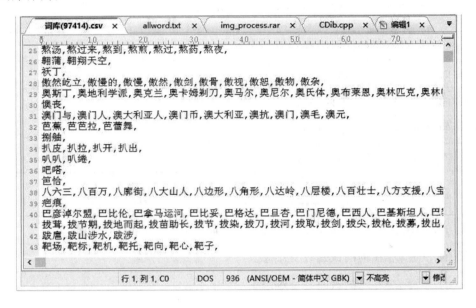

图 7-21　词库样例

按照扫描方向的不同，基于字符串匹配的分词方法可以分为正向匹配和逆向匹配；按照不同长度优先匹配的情况，可以分为最大（最长）匹配和最小（最短）匹配。常用的基于字符串匹配的分词方法有如下几种：

(1) 最大正向匹配法（从左到右的方向）；

(2) 最大逆向匹配法（从右到左的方向）；

(3) 最小切分（每一句中切出的词数最小）；

(4) 双向最大匹配（进行从左到右、从右到左两次扫描）。

这类算法的优点是速度快、实现简单，但对歧义和未登录词处理效果不佳。

7.5.2　工程实践

(1) 数学建模

我们借助 AC 自动机来实现简易的**最大正向匹配分词**代码。首先我们需要先准备一段文本和一个词典,其次通过 AC 自动机获得命中词库,最后进行最大正向匹配的操作。

最大正向匹配需要预定义最大词长,这里我们假定最大词长为 5 个字,从文本起始位置开始,首先遍历 5 个字,观察是否成词。

接下来的一幕,令在场的铁匠终身难忘。　　　——"接下来的一"不成词

若不成词,则尾部指针向前迁移一个字,直到成词为止。

接下来的一幕,令在场的铁匠终身难忘。　　　——"接下来的"不成词
接下来的一幕,令在场的铁匠终身难忘。　　　——"接下来"成词,保留

成词后继续搜索,重新选择 5 个字的一个范围。

接下来的一幕,令在场的铁匠终身难忘。
接下来|的一幕,令在场的铁匠终身难忘。
接下来|的一幕,令在场的铁匠终身难忘。
接下来|的一幕,令在场的铁匠终身难忘。
接下来|的一幕,令在场的铁匠终身难忘。

若一直处理到仅剩一个字,则这个字单独成词,继续向后选择 5 个字。

接下来|的|一幕,令在场的铁匠终身难忘。　　　——"的"单独成词,保留
接下来|的|一幕,令在场的铁匠终身难忘。
接下来|的|一幕,令在场的铁匠终身难忘。
接下来|的|一幕,令在场的铁匠终身难忘。　　　——"一幕"成词,保留
接下来|的|一幕|,令在场的铁匠终身难忘。
接下来|的|一幕|,令在场的铁匠终身难忘。
⋮
接下来|的|一幕|,|令|在场|的|铁匠|终身|难忘|。　　　——最终分词结果

（2）编程方法

基于以上分析,使用 AC 自动机编写的测试代码如下:

```cpp
int main()
{
    //读取测试文本和词典
    ifstream textIn("text.txt", ios::in);
    if(!textIn)
```

```
{
    cout <<"文件打开失败!"<< endl;
    exit(1);
}
string text = "";
string temp = "";
while(getline(textIn,temp))
    text = text + temp;
textIn.close();
ifstream dictIn("dict.csv");
if(!dictIn)
{
    cout <<"文件打开失败!"<< endl;
    exit(1);
}
string word;
std::vector < std::string > pattern;

while(getline(dictIn,word,','))
{
    if(word[0] == '\n' || word[0] == '\r')
        word.erase(0,1);
    if(! word.empty())
        pattern.push_back(word);
}
dictIn.close();

//构造 AC 自动机并进行多模式匹配
AC_Class AC_automathine(pattern);
vector < SearchResult > res = AC_automathine.Search(text);
//AC_automathine.DisplaySearchRes(); 打印匹配词

set < string > tokens;
for(int i = 0 ; i < pattern.size(); ++ i){
    tokens.insert(pattern[i]);
}
vector < string > wordlist;

//通过最大前向匹配进行分词
//最大词长为 5 GB2312 编码下一个中文字占两个字节
```

```
int MAX = 5 * 2;
int begin = 0;
int end = begin + MAX;
while(end <= text.length()){
    if(tokens.find(text.substr(begin,end - begin))! = tokens.end()){
        wordlist.push_back(text.substr(begin,end - begin));
        begin = end;
        end = begin + MAX > text.length()? text.length() : begin + MAX;
    }
    else{
        end -= 2;
        if(end == begin + 2){
            wordlist.push_back(text.substr(begin,end - begin));
            begin = end;
            end = begin + MAX > text.length() ? text.length() : begin + MAX;
        }
    }
}
for(int i = 0 ; i < wordlist.size(); ++ i){
    cout << wordlist[i];
    if(i < wordlist.size() - 1)
        cout <<"|";
}
return 0;
}
```

运行效果如下：

在|这个|万物|互联|,|智能|当道|的|时代|,|选择|智能|化|的|发展|道路|,|大部分|人|认为|未来|要向|智能|化|转变|,|并|恰好|能|将|智能|化|的|属性|赋能|现有|产业|。"希望|未来|两家|公司|的|结合|为|消费者|提供|更好|的|产品|体验|,|希望|科技|未来|智能|化|整体|解决|方案|给|我们|电动车|行业|带来|更多|智能|化|的|好处|。"

7.6 AC自动机的应用——搜索引擎之倒排索引

7.6.1 问题分析

互联网时代,信息纷繁,人们通过搜索引擎直达"心中所想"已是常态。那么搜索引擎到底如何高效查找目标内容呢？本节主要介绍搜索引擎中一个比较重要的结构——倒排索引。

倒排索引(Inverted Index)是一种索引方法，常被用于全文检索系统中的一种单词文档映射结构。现代搜索引擎绝大多数的索引都是基于倒排索引来进行构建的，这是由于在实际应用当中，用户在使用搜索引擎查找信息时往往只输入信息中的某个属性关键字，例如，一些用户不记得歌名，会输入歌词来查找歌名；输入某个节目的内容片段来查找该节目等。面对海量的信息数据，为满足用户需求，顺应信息时代快速获取信息的趋势，开发者们在进行搜索引擎开发时对这些信息数据进行逆向运算，研发了"关键词——文档"形式的一种映射结构，实现了通过物品属性信息对物品进行映射，可以帮助用户快速定位到目标信息，极大地降低了信息获取难度。倒排索引又叫反向索引，它是一种逆向思维运算，是现代信息检索领域中最有效的一种索引结构。

下面，我们从搜索引擎的工作过程出发，了解从用户请求到结果返回，倒排索引发挥了哪些作用。首先，我们需要了解索引是什么。

• 索引是什么？倒排索引又是什么？

索引，是为了加快信息查找过程，基于目标信息内容预先创建的一种储存结构。例如，一本书，没有目录，理论上也是可读的，只是当合上书再翻开书去查找之前读过的内容时，就比较耗费时间了。如果给书添加几页目录，我们就可以快速地了解书的大体内容分布，以及每一个章节页面位置的分布情况，这样我们查询内容的效率自然就会提高。一本书的目录，就是其内容的一种简单索引。

倒排索引是索引技术中的一种，它是基于信息主体的关键属性值进行构建的，如图 7-22 所示。

衣服A			衣服A的索引	
Types	Term		Terms	Targets
商标	AAA	倒排索引	AAA	衣服A
颜色	蓝色	→	蓝色	衣服A
尺寸	L码		L码	衣服A
图案	兔子		兔子	衣服A

图 7-22　倒排索引概念示例图

假设检索系统中只有一件商品——衣服 A，基于该商品构建其倒排索引结构之后，会产生图 7-22 右表中的索引结构，这样用户通过搜索"AAA""蓝色""L 码""兔子"，均可找到该商品，加快了检索速度，扩大了检索范围。

• 当搜索引擎接收到用户的查询请求时，倒排索引中发生了什么？

一般地，当搜索引擎接收到用户的查询请求时，进入倒排索引进行检索，在返回结果的过程中，主要有以下几个步骤。

步骤 1：针对用户输入的请求进行分词，产生对应的 Terms，如图 7-22 所示。

步骤 2：根据 Terms 在倒排索引中的词项列表中查找对应 Terms 的结果列表。

步骤 3：对结果列表数据进行打分，例如计算文档相关性、匹配度等。

步骤 4：根据打分结果对文档进行综合排序，最后 TOPN 结果返回给用户。

上述过程是一个较为简洁的检索过程。事实上，在生产环境中，业务环境的繁杂会使得索引的设计模式变得复杂且繁多，所以上述步骤中涉及了大量相关的数据储存技术、查找算法、排序算法、文本处理技术甚至 I/O 技术等。这里我们通过简化其中的一些技术问题，比如用户请求就是关键词 Term，来模拟基于倒排索引的搜索过程。

7.6.2　工程实践

（1）数学建模

倒排索引本身是一个哈希表，该哈希表的键是关键词，类型是 string，值是文档编号或文档名，类型是一个列表或集合。

在本程序中，对于那些在文章中出现多次的词，无论该词在文中出现了多少次，我们在倒排索引中只给该文档一次记录，即哈希表中单个键对应的值是不同文档的编号或文档名，因此该集合内的值应该是不包含重复值的。

对于那些单个关键词出现在同一文档中多次的情况，我们需要对该关键词对应的哈希表中的值进行去重。因此在这里，我们直接使用集合而不是列表来存储倒排索引的值，这样我们可以直接利用集合对内部元素进行去重。

本程序借助 STL 中的哈希表与集合来具体实现倒排索引结构，具体定义如下：

```
std::unordered_map<std::string, std::set<std::string>> invIndex;
```

（2）编程实现

本程序的目标是建立 Terms-Docs 倒排索引，然后基于该倒排索引，输入请求，查找对应的文档。我们爬取了 300 首唐诗的文本，并将每一首诗存储在一个文档中，作为待检索的文档 Docs；此外，我们简化了针对关键词的分词和抽取操作，给出一些关键词（常见意象）列表，作为 Terms，并使用 unordered_map 来建立这些意向 Terms-Docs 倒排索引。具体步骤如下。

步骤 1：从外部文件中读取要建立倒排索引的关键词。

步骤 2：遍历所有文档，使用 AC 自动机在各文档中抽取关键词，对于抽取到的所有关键词-文档对，我们将该关键词-文档对加入哈希表。若不存在该键，则在哈希表中插入该键，其对应值为内部只有该文档名的集合；若存在该键，则将该文档名加入该键对应值的集合，其中去重由集合来实现。

首先，我们需要实现一个辅助函数 getAllFileNames()，该函数用来读取目录下的所有文件名并将其作为 Terms-Docs 索引中的 Docs。

```
void getAllFileNames(std::string path, std::vector<std::string>& files)
{
    //文件句柄
    long hFile = 0;
    //文件信息
    struct _finddata_t fileinfo;
    std::string p;
```

```
if ((hFile = _findfirst(p.assign(path).append("\\*").c_str(),
&fileinfo)) != -1)
{
    do
    {
        if ((fileinfo.attrib & _A_SUBDIR))
        {
            if (strcmp(fileinfo.name, ".") != 0 && strcmp(fileinfo.
            name, "..") != 0)
            {
                files.push_back(fileinfo.name);
                getAllFileNames(p.assign(path).append("/").append
                (fileinfo.name), files);
            }
        }
        else
        {
            files.push_back(fileinfo.name);
        }
    } while (_findnext(hFile, &fileinfo) == 0);
    _findclose(hFile);
}
}
```

然后,我们建立测试主函数,该主函数的功能如下:

① 读取文档 Docs;

② 读取关键词 Terms;

③ 建立 Terms-Docs 倒排索引;

④ 使用 AC 自动机检索;

⑤ 格式化打印。

```
int main()
{
    //①获得目录下所有文件名 Docs
    std::vector<std::string> files;
    std::string DATA_DIR = "../poems";
    getAllFileNames(DATA_DIR, files);
    std::vector<std::string> poems;
    for (int i = 0; i < files.size(); i++)
    {
```

```cpp
        std::ifstream infile;
        infile.open(DATA_DIR + "/" + files[i]);
        std::string s = "", poem = "";
        while (getline(infile, s))
        {
            poem += s;
        }
        poems.push_back(poem);
        infile.close();
    }

    //②读取关键词
    std::vector<std::string> pattern;
    std::ifstream infile;
    infile.open("../keywords.txt");
    std::string s;
    while (getline(infile, s))
    {
        pattern.push_back(s);
    }
    infile.close();

    //③建立倒排索引初始化
    std::unordered_map<std::string, std::set<std::string>> invIndex;
    for (int i = 0; i < pattern.size(); i++)
    {
        invIndex.insert(std::make_pair(pattern[i], std::set<std::string>()));
    }

    //④ 使用 AC 自动机检索
    AC_Class AC_automachine(pattern);

    AC_automachine.DisplayPattenStr();

    for (int i = 0; i < poems.size(); i++)
    {
        std::string poem = poems[i];
        std::vector<SearchResult> res = AC_automachine.Search(poems[i]);
        if (!res.empty())
```

```
        {
            for (int j = 0;j < res.size();j++)
            {
                invIndex.find(pattern[res[j].index]) - > second.insert
                (files[i]);
            }
        }
    }


    //⑤格式化打印
    for (std::string p : pattern)
    {
        std::cout << "关键词:" << p << std::endl;
        for (std::string s:invIndex[p])
        {
            std::cout << s << std::endl;
        }
        std::cout << std::endl;
    }
    system("pause");
    return 0;
}
```

测试结果如下：

编号	目标串
0	明月
1	江南
2	白日
3	清风
4	明朝
5	将军
6	大将

关键词:明月

116.山居秋暝-王维.txt

163.楚江怀古-马戴.txt

200.春思-皇甫冉.txt

207.望月有感-白居易.txt

222.古意呈补阙乔知之-沈佺期.txt

224. 竹里馆-王维.txt

232. 静夜思-李白.txt

291. 寄扬州韩绰判官-杜牧.txt

314. 出塞-王昌龄.txt

38. 关山月-李白.txt

56. 宣州谢朓楼饯别校书叔云-李白.txt

6. 月下独酌-李白.txt

67. 八月十五夜赠张功曹-韩愈.txt

91. 望月怀远-张九龄.txt

关键词：江南

11. 梦李白二首之一-杜甫.txt

144. 江乡故人偶集客舍-戴叔伦.txt

270. 江南逢李龟年-杜甫.txt

291. 寄扬州韩绰判官-杜牧.txt

4. 感遇四首之四-张九龄.txt

关键词：白日

143. 阙题-刘眘虚.txt

164. 书边事-张乔.txt

184. 闻官军收河南河北-杜甫.txt

235. 登鹳雀楼-王之涣.txt

25. 与高适薛据登慈恩寺浮图-岑参.txt

39. 子夜四时歌：春歌-李白.txt

48. 送陈章甫-李颀.txt

51. 听安万善吹觱篥歌-李颀.txt

75. 古从军行-李颀.txt

关键词：清风

67. 八月十五夜赠张功曹-韩愈.txt

68. 谒衡岳庙遂宿岳寺题门楼-韩愈.txt

关键词：明朝

104. 夜泊牛渚怀古-李白.txt

107. 春宿左省-杜甫.txt

147. 云阳馆与韩绅宿别-司空曙.txt

42. 子夜四时歌：冬歌-李白.txt

56. 宣州谢朓楼饯别校书叔云-李白.txt

96. 题大庾岭北驿-宋之问.txt

关键词：将军

104. 夜泊牛渚怀古-李白.txt

256. 塞下曲四首之二-卢纶.txt

57. 走马川行奉送封大夫出师西征-岑参.txt

59. 白雪歌送武判官归京-岑参.txt

60. 韦讽录事宅观曹将军画马图-杜甫.txt

61. 丹青引赠曹霸将军-杜甫.txt

74. 燕歌行并序-高适.txt

77. 老将行-王维.txt

关键词：大将

57. 走马川行奉送封大夫出师西征-岑参.txt

77. 老将行-王维.txt

本 章 小 结

　　本章初步尝试使用数据结构和算法来解决自然语言处理领域的问题。从最简单的字符串运算开始，到最后运用 AC 自动机来解决文本分词和搜索的问题，我们都延续了同一个计算思维的思考模式，就是效率优先，从不同角度来解决问题。我们希望通过本章学习，帮助学生弥补从数据结构和算法到 AI 算法之间的隔阂，平滑二者之间的过渡，理解二者之间深层次的关联，从而更好地进入人工智能领域的专业学习。

参 考 文 献

[1] 吴军.数学之美[M].北京:人民邮电出版社,2020.

[2] 吴军.计算之魂[M].北京:人民邮电出版社,2022.

[3] 吴军.数学通识讲义[M].北京:新星出版社,2021.

[4] 万珊珊,吕橙,邱李华,等.计算思维导论[M].北京:机械工业出版社,2019.

[5] 杨强,范力欣,朱军,等.可解释人工智能导论[M].北京:电子工业出版社,2022.

[6] 徐雅静,肖波,马占宇,等.数据结构与算法[M].北京:北京邮电大学出版社,2019.

[7] 吴志泽,王艳.新工科背景下的应用型本科工程教育中计算思维培养[J].电脑知识与技术:学术版,2020(17):101-103.

[8] 张龙,刘华.信息技术领域新工科建设与工程教育改革[J],计算机通讯,2021,15(4):26-28.

[9] 徐晓飞,李廉,战德臣,等.新工科的新视角:面向可持续竞争力的敏捷教育体系[J].中国大学教育,2021(10):44-49.

[10] 张科,张铭,陈娟,等.计算机教育研究浅析——从 ACM 计算机科学教育大会看国内外计算机教育科研[J].计算机通讯,2021,15(4):16-25.

[11] 维基百科.施特拉森算法[EB/OL].[2022-11-20].https://zh.wikipedia.org/wiki/施特拉森算法♯cite_ref-1.

[12] MoussaTintin.随机数生成(一):均匀分布[EB/OL].(2012-09-11)[2022-11-20].https://blog.csdn.net/JackyTintin/article/details/7798157.

[13] 维基百科.线性同余方法[EB/OL].[2022-11-20].https://zh.wikipedia.org/wiki/线性同余方法.

[14] 维基百科.伪随机性[EB/OL].[2022-11-20].https://zh.wikipedia.org/wiki/伪随机性.

[15] 维基百科.梅森旋转算法[EB/OL].[2022-11-20].https://zh.wikipedia.org/wiki/梅森旋转算法.

[16] 维基百科.AC 自动机[EB/OL].[2022-11-20].https://zh.wikipedia.org/wiki/AC 自动机算法.

[17] AHO A V,CORASICK M J. Efficient string matching:An aid to bibliographic search[J]. Communications of the ACM. 1975,18(6):333-340.

[18] WU S,MANBER U. A fast algorithm for multi-pattern searching[J]. Science,

1994：1-11.

[19]　码农场. Wu Manber 多模式匹配算法［EB/OL］.（2018-02-03）［2022-11-20］. http：//www. hankcs. com/program/algorithm/wu-manber. html.

[20]　美团技术团队. AC算法在美团上单系统的应用［EB/OL］.［2022-11-20］. https：// tech. meituan. com/2014/06/09/ac-algorithm-in-meituan-order-system-practice. html.